通信百科入门丛书

光纤通信

主　编：潘　青　车雅良

编　者：丁德强　刘益海　杨　鼎

主　审：李　卫

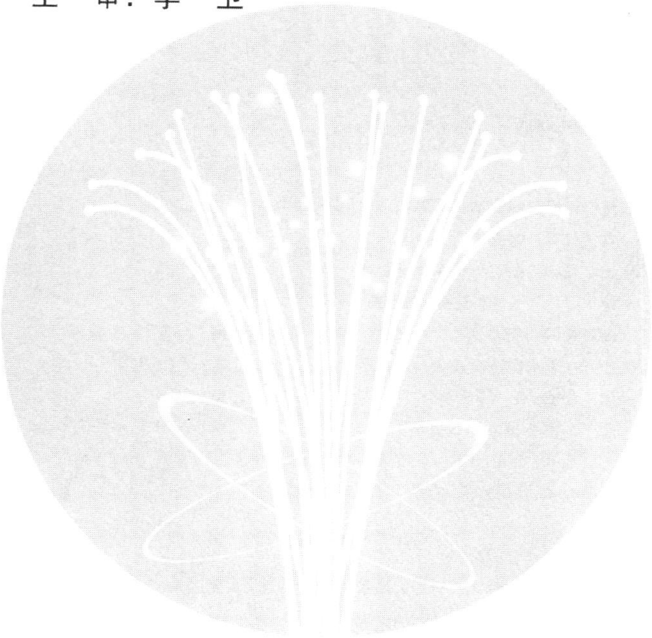

国防科技大学出版社

·长沙·

图书在版编目（CIP）数据

光纤通信／潘青，车雅良主编．-- 长沙：国防科技大学出版社，2024.8．--（通信百科入门丛书／何一，李卫总主编）．-- ISBN 978-7-5673-0645-5

Ⅰ．TN929.11

中国国家版本馆 CIP 数据核字第 2024ME4180 号

通信百科入门丛书

光纤通信

GUANGXIAN TONGXIN

潘　青　车雅良　主编

责任编辑：陈芷怡　张思忆

责任校对：熊立桃

出版发行：国防科技大学出版社

地　　址：长沙市开福区德雅路 109 号

邮政编码：410073　　电　　话：（0731）87028022

印　　制：国防科技大学印刷厂　　开　　本：850×1168　1/32

印　　张：5　　字　　数：87 千字

版　　次：2024 年 8 月第 1 版　　印　　次：2024 年 8 月第 1 次

书　　号：ISBN 978-7-5673-0645-5

定　　价：34.00 元

通信百科入门丛书

丛书主编

何　一　　李　卫

分册主编

《微波接力与散射通信》　吴广恩

《电台通信》　郭　勇

《光纤通信》　潘　青　车雅良

《卫星通信》　毛志杰

《量子通信》　东　晨

《电信交换》　王　凯

前　言

光纤通信是利用光波作为载波、以光纤作为传输媒质实现信息传送的通信方式，具有通信容量大、传输距离远、抗电磁干扰、保密性好等优点，已成为通信网络最主要的传输手段，是物联网、大数据、云计算等几乎所有网络业务和应用的根基。编者在总结多年来相关教学经验的基础上编写本书，以期服务于广大读者学习和工作需要。

全书分为三部分，其中原理篇聚焦光纤通信的技术体制、国际标准、协议和系统构成，归纳总结了30个知识点；设备篇围绕光纤传输设备、附属设备、仪表器件等归纳总结了32个知识点，文字精要浅显，并附有相关图标，帮助读者快速入门；测试题针对原理和设备的相关知识精心选取，便于读者自我测试提高。本书既可作为光纤通信专业的入门教材，也可为从事光纤通信工作的相关人员提供参考。

本书由潘青和车雅良主编，丁德强、刘益海、杨鼎参与了编写工作，李卫指导本书的编写并审阅了全书。

由于时间仓促和编者水平有限，书中难免存在疏漏之处，敬请批评指正。

编　者

2024 年 7 月

目　录

CONTENTS

1 原理篇

2 设备篇

3 测试题

1

原理篇

1　脉冲编码调制

脉冲编码调制（PCM）是把模拟信号变换为数字信号的一种调制方式，其最大的特点是把连续输入的模拟信号变换为在时域和振幅上都离散的量，然后将其转化为代码形式进行传输。PCM 通过抽样、量化、编码三个步骤将连续变化的模拟信号转换为数字编码，如图 1 所示。PCM 有 E1（欧洲标准）和 T1（美国标准）两个标准，中国采用的是 E1，E1 的速率是 2.048 Mbit/s。

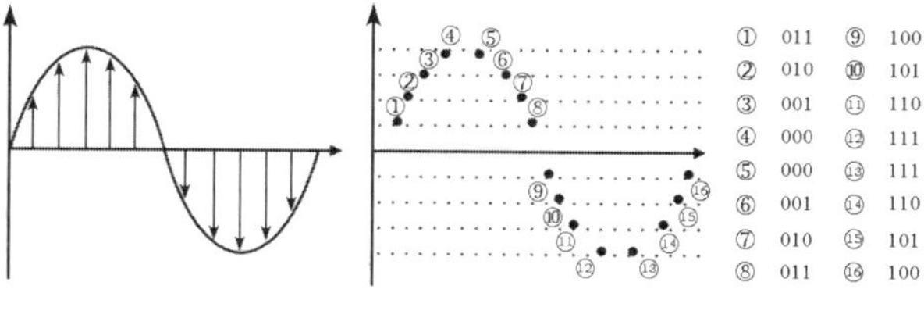

(a) 抽样　　(b) 量化　　(c) 编码

图 1　PCM 过程

E1 帧结构如图 2 所示，基群每帧 125 μs，共 32 个时隙，其中，TS1 ~ TS15、TS17 ~ TS31 用来传送话音或数据等信息；TS0 分为奇帧和偶帧，奇帧 TS0 用于传送帧失步对告和监视告警码等，偶帧 TS0 时隙为帧同步码；TS16 为信令时隙，用来传送复帧同步码、复帧对告及各信息时隙的操作、管理、维护（OAM）。由于 TS16 只有 8 bit，无法完成上述功能，所以选用复帧结构，由 16 帧组成一个复帧。

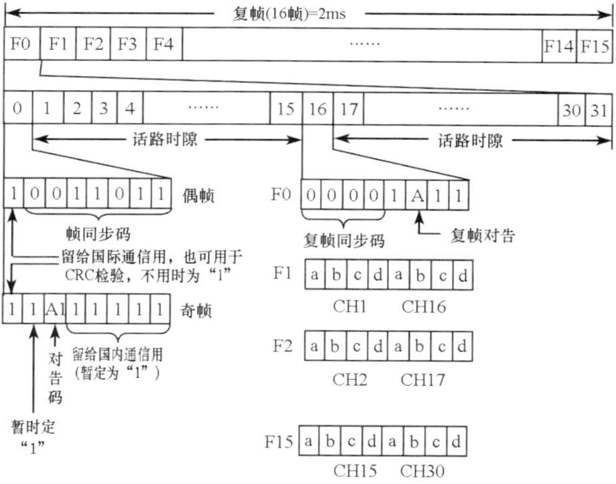

图 2　E1 帧结构

PCM 可以向用户提供多种业务，既可以提供 2 ~ 155 Mbit/s 速率的数字数据专线业务，也可以提供话音、图像传送、远程教学等其他业务，特别适合对数据传输速率要求较高、需要更高带宽的用户使用。

2 准同步数字体制

准同步数字体制（PDH）对信号的处理是将每路模拟的话音信号进行抽样、量化、编码，变为一路 64 kbit/s 的数字信号，再采用时分复用技术，将多路 64 kbit/s 数字信号以字节为单位进行间插复用，复接成一定速率的基群信号。根据国际电报电话咨询委员会（CCITT）G. 702 建议，PDH 的基群有两种：PCM24 路系统和 PCM30/32 路系统。北美和日本采用的是 PCM24 路系统，即将 24 个 64 kbit/s 信道间插复用在一起，形成的基群传输速率为 1. 544 Mbit/s。欧洲采用的是 PCM30/32 路系统，即将 30 个独立的 64 kbit/s信道与 2 个信息控制信道一起形成基群，其传输速率为 2. 048 Mbit/s。北美和欧洲两大制式的速率等级各不相同，我国采用的是欧洲制式，PDH 各种制式的速率等级如表 1 所示。

为进一步提高传输容量，可以将四路的基群信号复接成二次群信号，再将四路的二次群信号复接成三次群信号，同样的方法可以将信号复接成四次群或更高速率的信号。

表 1　PDH 各种制式的速率等级

系列	地区		一次群	二次群		三次群		四次群		五次群	
1	北美	话路数	24	×4	96	×7	672	×6	4 032		
		数码率/($Mbit \cdot s^{-1}$)	1. 544	6. 312		44. 736		274. 176			
	日本	话路数	24	×4	96	×5	480	×3	1 440	×4	5 760
		数码率/($Mbit \cdot s^{-1}$)	1. 544	6. 312		32. 064		97. 728		397. 2	
2	欧洲	话路数	30	×4	120	×4	480	×4	1 920	×4	7 680
		数码率/($Mbit \cdot s^{-1}$)	2. 048	8. 848		34. 368		139. 264		564. 992	

3　同步数字体系

1985 年美国国家标准协会（ANSI）起草了使设备在光口互连的光同步标准，并命名为同步光网络（SONET）。1988 年 CCITT 以 SONET 为基础制定了同步数字体系（SDH），并使其成为不仅适用于光纤也适用于微波和卫星传输的通用技术体制。它为不同速率数字信号的传输提供了相应等级的信息结构，包括复用方法和映射方法，以及相关的同步方法。

SDH 具有以下优点：

（1）具有全世界统一的数字信号速率和帧结构标准；

（2）标准的接口，能实现光接口互连；

（3）灵活的分插复用结构，可以方便地实现电/光支路的上下；

（4）强大的网络管理能力；

（5）强大的自愈能力；

（6）灵活的组网能力。

4 多业务传送平台

多业务传送平台（MSTP）是在 SDH 的基础上改进形成的，能同时实现时分复用（TDM）、以太网和异步传送模式（ATM）等业务的接入、处理和传送，提供统一网管的多业务节点。MSTP 除具备 SDH 的一切功能外，还具有以下四个功能：一是具有 TDM、ATM 以及以太网的接入功能；二是具有 TDM、ATM 以及以太网的传输功能，这个传输功能可以实现点对点的透明传输；三是可以实现 ATM 和以太网具有的统计以及复用的功能；四是能够实现 ATM 和以太网向 SDH 进行指配映射的功能。

MSTP 的关键技术主要包括：虚级联（VC）、通用成帧规程（GFP）和链路容量调整机制（LCAS）。

5 自动交换光网络

自动交换光网络（ASON）是由国际电信联盟电信标准化部门（ITU－T）于2000年3月正式确定由第十五研究组（SG15）开展的标准化工作，基本设想是在光传送网中引入控制平面，以实现网络资源的按需分配，从而实现光网络的智能化。它是将SDH/SONET的功能特性、高效的IP技术、大容量的密集波分复用（DWDM）技术和革命性的网络控制软件融合在一起，完成路由自动发现、呼叫连接管理、保护恢复等功能，实现由用户动态发起业务请求，自动选路，并由信令控制实现标记交换路径（LSP）的建立、拆除，自动、动态完成网络连接。

以SDH和光传送网（OTN）为基础的ASON符合G.8080框架要求。通过控制平面来完成自动交换和连接控制、以光纤作为物理传输媒质、由SDH和OTN等光传输系统构成智能光传送网，代表了未来智能光网络发展的主流方向，是下一代智能光网络的典型代表。

6 SDH 速率等级

SDH 按一定的规律组成块状帧结构，称为同步传送模块（STM），以与网络同步的速率串行传输。同步数字体系中最重要最基本的同步传送模块信号是STM－1，其速率为155.520 Mbit/s。更高等级的模块 STM－N 是 N 个基本模块信号 STM－1 按同步复用、经字节间插后形成，其速率等级如表 2 所示。

表 2　SDH 速率等级

STM 等级	比特率/（$kbit \cdot s^{-1}$）
STM－1	155 520
STM－4	622 080
STM－16	2 488 320
STM－64	9 953 280
STM－256	39 813 120

7 SDH 帧结构

SDH 的帧为块状结构，如图 3 所示，由 9 行 ×270 × N 列（字节）组成，每字节 8 bit，一帧的周期为 125 μs，帧频为 8 kHz（8 000 帧/s），帧中每个字节的速率是 8 000 × 8 = 64 kbit/s。STM－1（N=1）是 SDH 最基本的结构，每帧周期 125 μs，传 19 440 bit，传输速率为 155 520 kbit/s；STM－N 是由 N 个 STM－1 经字节间插同步复接而成的，故其速率为 STM－1 的 N 倍。

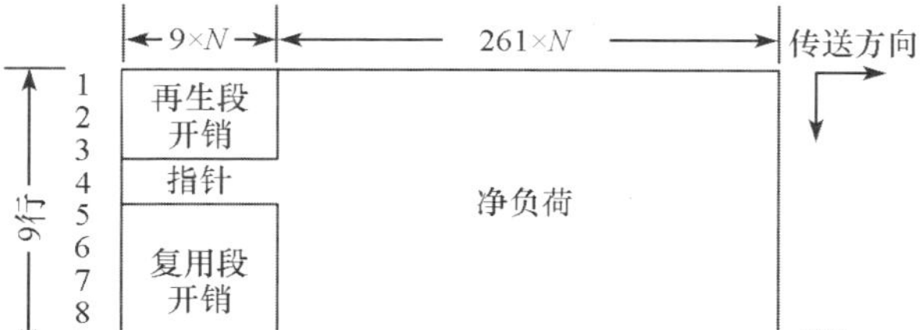

图 3 SDH 帧结构

SDH 帧由净负荷、管理单元指针（AU PTR）和段开销（SOH）三部分组成。

（1）净负荷区存放各种电信业务信息和少量用于通道性能监控的通道开销字节，它位于 STM－N 帧结构中除 SOH 和 AU PTR 区域以外的所有区域。

（2）AU PTR 存放在帧中第 4 行的前 $9 \times N$ 个字节，用来指示信息净负荷的第一个字节在 STM－N 帧内的准确位置。

（3）SOH 区域用于存放帧定位、运行、维护和管理方面的字节，以保证主信息净负荷正确灵活地传送。主要包括再生段开销和复用段开销。

在系统中传输时，按从左至右、从上至下的规律逐字节进行传输。

8 SDH 映射复用

将 PDH 信号和各种新业务装入 SDH 信号空间，并构成 SDH 帧的过程称为映射复用。ITU－T对 SDH 的映射复用结构或复用路线做出了严格的规定，PDH 各速率等级（2 Mbit/s、34 Mbit/s、140 Mbit/s）按复用路线均可以映射到 SDH 的传送模块（STM－N）中，如图 4 所示。我国规定的 SDH 映射复用结构如图 5 所示。

各种信号映射复用进 STM－N 帧的过程都要经过映射、定位和复用三个步骤。

（1）映射即装入，是指将支路信号适配装入相应 VC 的过程。

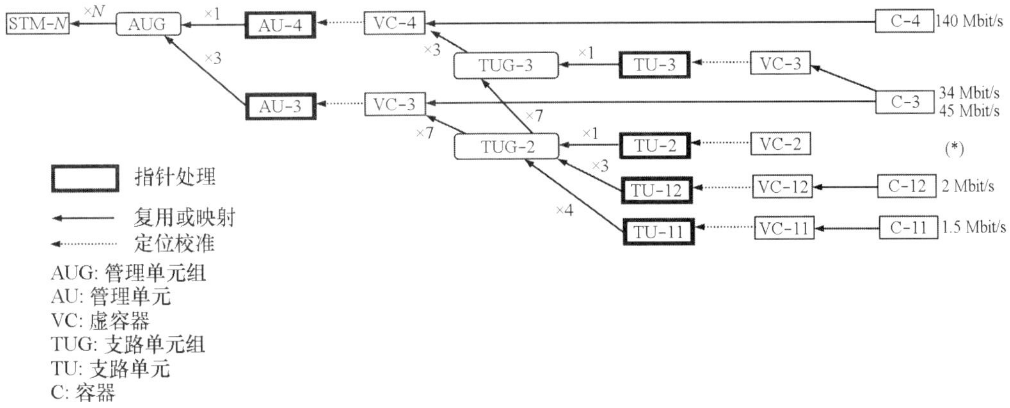

图4 ITU-T G.707建议的SDH映射复用结构

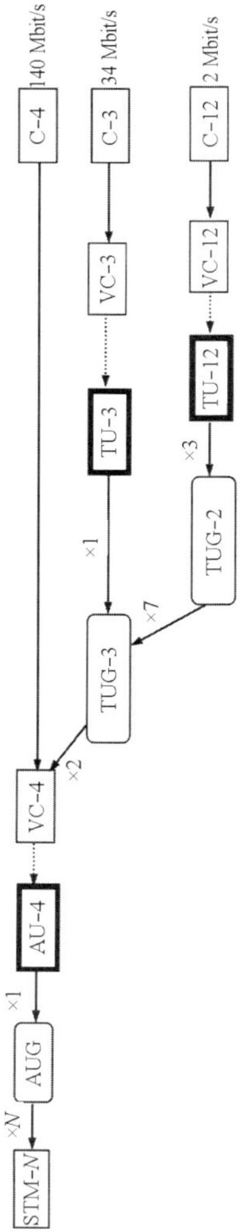

图5 我国规定的SDH映射复用结构

（2）定位是把 VC 放进 TU 或 AU 中，同时将其与帧参考点的偏差也作为信息结合进去的过程。通俗地讲，定位就是用指针值指标 VC 的第一个字节在 TU 或 AU 中的起始位置。

（3）复用是一种将多个低阶通道层的信号适配进高阶通道或把多个高阶通道层信号适配进复用段层的过程，即将多个低速信号复用成一个高速信号。

9 网络自愈

网络自愈是指在网络发生故障时（如光纤断裂），无须人为干预，网络自动地在极短的时间内（ITU－T 规定以 50 ms 以内）使业务自动从故障中恢复传输，用户甚至感觉不到网络已出现了故障。光纤传送网中网络自愈是通过网络保护和网络恢复来实现的。

网络保护是利用传送节点之间预先安排的保护（备用）容量去替代失效的工作（主用）容量的一种自愈方案，能够使受到影响的业务快速恢复，是一种静态的保护方式。

网络恢复是利用传送节点之间任何可用的容量，包括空闲容量和临时开通附加业务的容量来恢复业务。当发生链路或节点失效时，网络可以用重新选择路由的算法，广泛调用网络中的任何可用容量来恢复业务，这是一种动态的保护方式。

网络自愈是为保证网络生存性而提出的一个概念，通常采用业务恢复时间作为度量生存性的标准。业务恢复时间有两个重要的门限值：一个是50 ms，可以满足绝大多数业务的质量要求；另一个是2 s，可以保证中继传输和信令网的稳定性，这是网络恢复的目标值。

10　SDH保护

SDH保护可以分为路径保护（TP）与子网连接保护（SNCP）两大类，如图6所示。

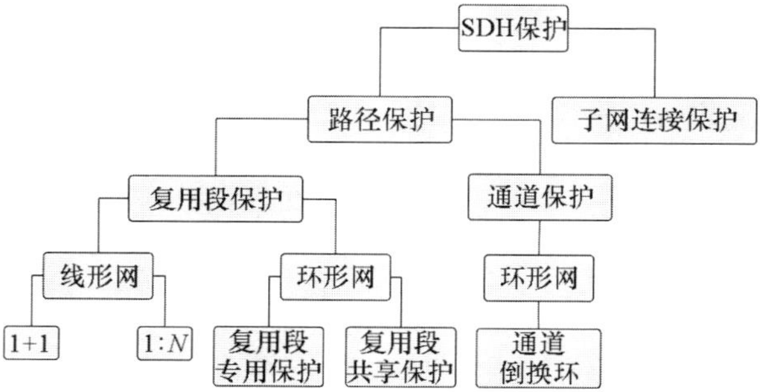

图6　SDH保护分类

TP是指当工作路径失效或者性能劣于某一必要的水平时，保护路径就要取代工作路径承载正常业务。TP包括复用段保护（MSP）和通道保护（PP）。对于线形网络，通常采用MSP（如1+1保护和1:*N*保护）；而环形网的保护既可以在复用段层进行（如二纤双向复用段保护环、四纤双向复用段保护环、二纤单向复用段保护环），也可以在通道层进行（如二纤单向通道保护环）。

SNCP是一种采用1+1方式单端倒换的保护（可以配置成1+1非恢复模式，也可以配置成1+1恢复模式），主要对跨子网业务进行保护。子网连接发送端的业务经过工作路径和保护路径两个分离的路径传送，在子网连接的接收端，保护倒换对业务检测后进行选择，因此“双发选收”是SNCP的特点。检测点处的工作源、保护源以及业务宿构成一个SNCP业务对，它是实现保护的基本单元。在一个SNCP业务对中，宿节点状态不监测，而两个源节点就是保护组的两个监测点。

11 ASON 体系结构

ITU－T G.8080 建议即《自动交换光网络体系结构》，定义了一个与具体技术无关的 ASON 体系结构，它包括三个独立的平面：控制平面、传送平面和管理平面，如图 7 所示。

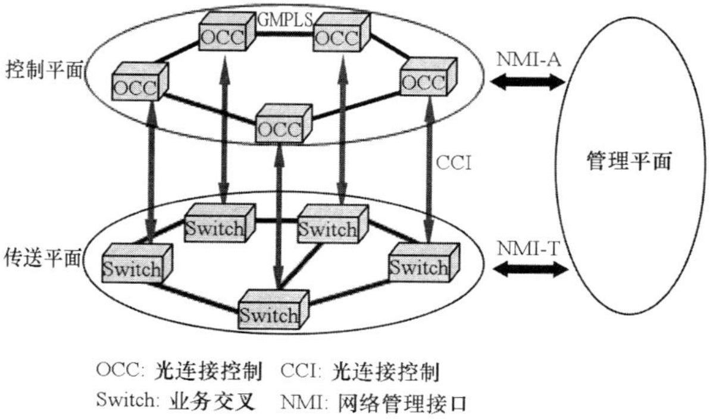

图 7 ASON 体系结构

控制平面由提供路由和信令等特定功能的一组控制元件组成，并由一个信令网络支撑，负责完成呼叫控制和连接控制功能。通过信令完成连接的建立、释放、监测和维护，并在发生故障时自动恢复连接。智能网元在控制平面的唯一标识是节点 ID 号。控制平面是 ASON 体系与传统光网络体系的最大区别。

传送平面就是传统 SDH 或者 OTN。它提供从一个端点到另一个端点的双向或单向信息传送，监测连接状态（如故障和信号质量），并提供给控制平面。智能网元在传送平面的唯一标识是网元 ID 号。

管理平面提供对传送平面、控制平面和系统整体的管理功能，负责所有平面间的协调和配合。管理平面执行 M. 3010 中定义的管理功能，包括性能管理、故障管理、配置管理和安全管理。智能网元在管理平面的唯一标识是网元 IP 地址。

12 链路管理协议

链路管理协议（LMP）是 ASON 控制平面协议栈的一个重要组成部分，它运行于两个相邻节点间用于 TE 链路管理的协议，用来管理相邻节点间的光纤连接，完成链路资源的自动发现和管理。它的功能包括：邻居发现、链路参数交互、控制通道管理和链路故障定位。在 ASON 中，LMP 直接利用底层的 SDH 技术进行故障管理。

13 开放最短路径优先协议

开放最短路径优先（OSPF）协议是一个内部网关协议，它可以确定一个自治系统（AS）内的链路拓扑图。在ASON中，其用来确定一个区域内的控制链路拓扑图。OSPF协议是基于链路状态的路由协议，用于扩散和收集网络控制平面的控制链路信息，并据此产生控制平面的路由信息，为控制平面的网络消息包转发提供路由；扩散和收集网络业务平面的业务链路信息，为计算业务路径提供网络业务拓扑信息。在ASON中，有两种类型的链路状态：一种是为资源预留协议（RSVP）提供路由的控制链路状态；另一种是为计算LSP的TE链路状态。具有OSPF协议功能的路由器，相互之间是通过交换链路状态信息的方式，来建立控制链路拓扑图和TE链路拓扑图。

OSPF协议要求每个路由器将链路状态通告（LSA）发送到相同层次域内的所有其他路由器。ASON的路由计算通常采用基于约束最短路径优先（CSPF）算法。该算法在计算路由时，在满足预定约束条件的前提下，优先选取距离最短的路径，完成路由计算后再把结果表示成路由形式，以便用信令实现连接。

14 资源预留协议

资源预留协议（RSVP）是服务质量（QoS）信令的一种，主要用于为特定的数据流请求指定QoS。用户通过RSVP向网络请求满足特殊服务质量要求的缓存和带宽，中间节点利用RSVP在数据传输通路上建立资源预留，并维护该通路，以实现相应的服务质量。RSVP虽不是路由协议，但它与路由协议协同工作。RSVP分发标签的过程就是创建LSP的进程，在ASON中通常称为配置智能业务。

15 G.821 建议

ITU－T G.821建议即《运行在低于基群比特率并构成ISDN之一部分的国际数字连接的误码性能》，是以比特差错事件为基础的规范，即面向“比特”的，对 $N \times 64$ kbit/s（$1 \leqslant N < 32$）、27 500 km的全程端到端假设参考连接的误码性能及其分配作了定义。

G.821定义了误码秒（ES）和严重误码秒

(SES)两个误码性能事件，定义了误码秒比(ESR)、严重误码秒比(SESR)两个误码性能参数。

(1)性能事件

①误码秒

如果在1 s时间周期内有1个或多个误码，这1 s就是误码秒。

②严重误码秒

如果在1 s时间周期内的误码率BER ≥ 10^{-3}，那么这1 s就是严重误码秒(严重误码秒也是误码秒)。

(2)性能参数

①误码秒比

在一个固定测试时间间隔上的可用时间内，ES与可用时间(秒)之比。

②严重误码秒比

在一个固定测试时间间隔上的可用时间内，SES与可用时间(秒)之比。

16 G. 826 建议

ITU－T G. 826建议即《基群及更高速率国际固定比特率数字通道的误码性能参数和指标》，是以块差错事件为基础的规范，即面向

“块”的，它规定的是运行在基群和基群以上速率数字通道的误码性能事件和参数。

G. 826 定义了误块（BE）、误块秒（ES）、严重误块秒（SES）、背景误块（BBE）四个误码性能事件，还定义了误块秒比（ESR）、严重误块秒比（SESR）、背景误块比（BBER）三个误码性能参数。

（1）性能事件

①误块

如果在 1 块中有 1 个或多个差错比特，那么这整个块就是 1 个误块。

②误块秒

如果在 1s 中有 1 个或多个误块，那么这 1s 就是误块秒。

③严重误块秒

如果在 1s 中误块的比例不小于 30% 或者至少有 1 个缺陷，则这 1s 就是严重误块秒。

④背景误块

测量时间内所有的块扣除不可用时间内所有的块以及严重误块秒期间出现的误块后所剩下的误块，即背景误块是指在可用时间内出现的所有误块扣除严重误块秒期间出现的误块后所剩下的误块。

(2) 性能参数

①误块秒比

在一个固定测试时间间隔上的可用时间内，ES 与总的可用时间（秒）之比。

②严重误块秒比

在一个固定测试时间间隔上的可用时间内，SES 与总的可用时间（秒）之比。

③背景误块比

在一个确定的测试期间，在可用时间内的背景误块与总块数扣除 SES 中的所有块后剩余块数之比。

17 光接口应用类型代码

光接口的类型通常用代码表示：应用类型 - STM 等级尾标数，如表 3 所示。

其中应用类型符号：I 表示互连距离小于 2 km的局内通信，S 表示互连距离近似 15 km 的短距离局间通信，L 表示互连距离在 1 310 nm 窗口近似 40 km、在 1 550 nm 窗口近似 80 km 的长距离局间通信。

STM 等级尾标数分别用 1、4、16 来表示设备的传输速率为 155 Mbit/s、622 Mbit/s 和 2.5 Gbit/s。

尾标数表示含义为：空白或1表示标称工作波长为1 310 nm，所用光纤为G.652光纤；2表示标称工作波长为1 550 nm，所用光纤为G.652光纤；3表示标称工作波长为1 550 nm，所用光纤为G.653光纤。

各种应用类型中，除了局内通信只考虑使用符合G.652建议的光纤，标称波长为1 310 nm的光源，其他各种应用类型还可考虑使用符合G.652、G.653建议的光纤，标称波长为1 550 nm的光源。

表3　光接口的分类及相应的应用类型代码

应用类型		局内	局间				
			短距离		长距离		
标称波长/nm		1 310	1 310	1 550	1 310	1 550	1 550
光纤类型		G.652	G.652	G.652	G.652	G.652	G.653
距离/km		≤2	约15		约40	约80	
STM等级	STM－1	I－1	S－1.1	S－1.2	L－1.1	L－1.2	L－1.3
	STM－4	I－4	S－4.1	S－4.2	L－4.1	L－4.2	L－4.3
	STM－16	I－16	S－16.1	S－16.2	L－16.1	L－16.2	L－16.3

注：表内距离用于分类而不是用于规范。

18　波分复用

波分复用（WDM）是指在同一根光纤中同时传输两个或多个不同波长光信号的技术。在一根光纤上承载多个波长（信道）系统，实际上是将一根光纤转换为多条虚拟纤，每条虚拟纤独立工作在不同波长上，这样极大地提高了光纤的传输容量。波分复用技术作为一种系统概念，通常有三种复用方式：1 310 nm和1 550 nm波长的波分复用、稀疏波分复用、密集波分复用。

通常，WDM系统的发送端会将两种或多种不同波长的光载波信号（携带各种信息）经复用器（亦称合波器）汇合在一起，并耦合到光线路的同一根光纤中进行传输；在接收端，经解复用器（亦称分波器）将各种波长的光载波分离，然后由光接收机做进一步处理以恢复原信号，如图8所示。

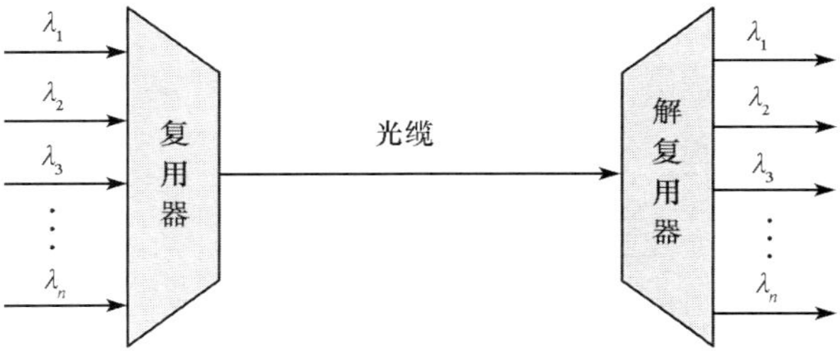

图 8　WDM 技术原理图

19　WDM 系统构成

一般来说，WDM 系统主要由五部分组成：光发射机、光中继放大、光接收机、光监控信道和网络管理系统，如图 9 所示。

光发射机是 WDM 系统的核心。在发送端首先将用户设备送来的光信号，利用光波长转换器把非特定波长的光信号转换成具有稳定特定波长的光信号；利用合波器将多通路光信号合成一路；然后通过光功率放大器放大输出，注入光纤线路。

光中继放大将经过长距离光纤传输后的光信号进行放大。

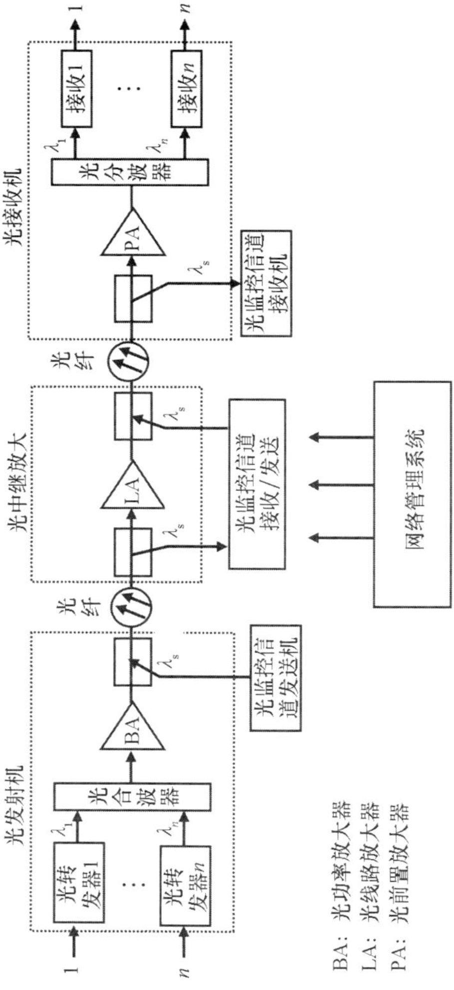
光发射机
光中继放大
光接收机
光转发器1
光转发器n
光合波器
BA
LA
PA
光分波器
接收1
接收n
光纤
光纤
光监控信道发送机
光监控信道接收/发送
光监控信道接收机
网络管理系统
BA：光功率放大器
LA：光线路放大器
PA：光前置放大器

图9 WDM系统组成

光接收机利用光前置放大器放大经过传输而衰减的主信道光信号后，利用分波器从主信道光信号中分出特定波长的光信号送往各业务终端。

光监控信道的主要功能是监控系统内各信道的传输情况，发送端插入本节点产生的波长为1 510 nm的光监控信号，与主信道的光信号合波输出；在接收端，将接收到的光信号分波，输出1 510 nm 波长的光监控信号和业务信道光信号。帧同步字节、公务字节和网管所用的开销字节都是通过光监控信号来传递的。

网络管理系统通过光监控信道物理层传送开销字节到其他节点或接收来自其他节点的开销字节，对 WDM 系统进行管理，实现配置管理、故障管理、性能管理、安全管理等功能，并与上层管理系统相连。

20　光传送网

光传送网（OTN）的概念由 ITU－T 于 1998 年正式提出，它是由 ITU－T G. 872、G. 798、G. 709 等建议定义的一种全新的光传送技术体制，是以波分复用技术为基础、在光层组织网络的传送网，也是下一代的骨干传送网。OTN 技术作为一种新型组网技术，将 SDH 强大完善的操作、管理、维护（OAM）理念和功能移植到了WDM光网络中，对SDH和WDM的优势进行继承和组合，同时扩展了与业务传送需求相适应的组网功能。OTN可以支持客户信号的透明传送、高带宽的复用交换和配置（最小交叉颗粒为ODU1，约为2.5 Gbit/s）；具有强大的开销支持能力，提供强大的OAM功能，支持多层嵌套的串联连接监视（TCM）功能、具有前向纠错（FEC）支持能力，如图10所示。OTN在网络应用、调度能力、业务接入能力、网管监控能力上都有显著提升，可以满足新型业务质量的要求，是未来光网络发展的必然趋势。

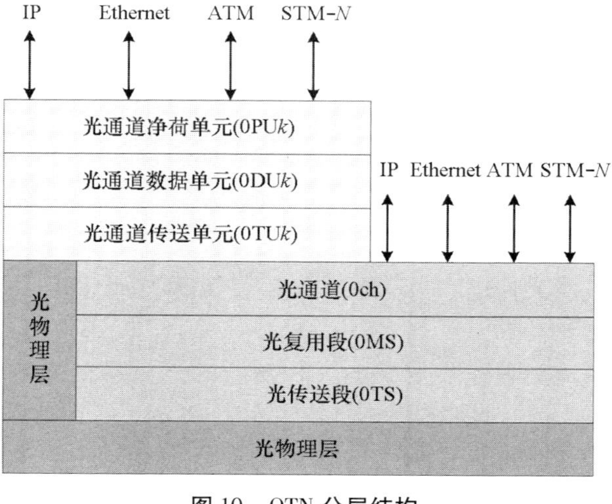

图10　OTN分层结构

21 OTN 帧结构

当 OTN 帧结构完整（OPU、ODU 和 OTU）时，ITU－T G.709 提供开销所支持的操作、维护、管理和保障（OAM&P）功能。OTN 规定了类似于 SDH 的复杂帧结构，并且具有丰富的开销字节用于 OAM；OTN 设备具备和 SDH 类似的特性，支持子速率业务的映射、复用和交叉连接、虚级联。

OTN 帧为块状帧结构，大小固定，共 4 行 4 080列，如图 11 所示。OTN 帧包括帧定位开销、OTU*k* 开销、ODU*k* 开销、OPU*k* 开销、OPU*k* 载荷和 OTU*k* FEC 开销六部分。开销用来实现各级信号的 OAM，载荷用来装载业务信号。与 SDH/SONET 固定帧周期不同，不同速率等级的 OTN 帧，其帧周期是不一样的。OTU1 周期为 48.971 μs，OTU2 周期为 12.191 μs，OTU3 周期为 3.035 μs。

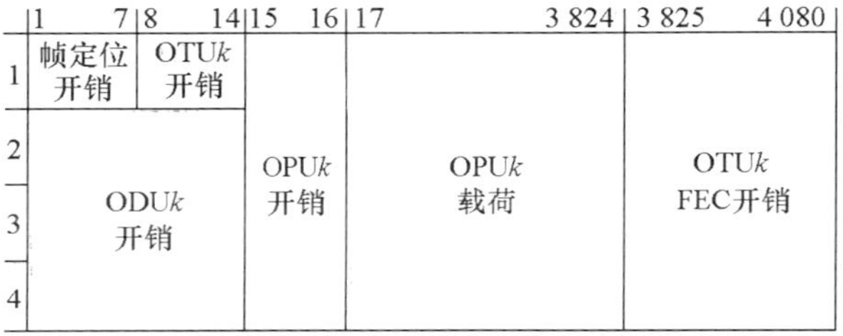

图 11　OTN 帧结构

22　OTN 速率等级

OTN 速率等级专门针对 SDH 设计，OPUk 帧正好能装下同速率等级的 SDH 帧或多个低速率的 ODUi（$i < k$），如表 4 所示。因此，根据 OTUk 帧结构和 STM－N 映射到 OTU 的方式，可以得到 OTUk 帧速率的计算公式：

OTUk 帧速率 $=255/(239-k)\times$ STM－N 帧速率

同理，可得到 ODUk 和 OPUk 帧速率的计算公式：

ODUk 帧速率 $=239/(239-k)\times$ STM－N 帧速率

OPUk 帧速率 $=238/(239-k)\times$ STM－N 帧速率

表 4　OTN 速率等级

OTUk	
OTU1	255/238 ×2 488 320 kbit/s =2 666 057. 143 kbit/s
OTU2	255/237 ×9 953 280 kbit/s =10 709 225. 316 kbit/s
OTU3	255/236 ×39 813 120 kbit/s =43 018 413. 559 kbit/s
ODUk	
ODU1	239/238 ×2 488 320 kbit/s =2 498 775. 126 kbit/s
ODU2	239/237 ×9 953 280 kbit/s =10 037 273. 924 kbit/s
ODU3	239/236 ×39 813 120 kbit/s =40 319 218. 983 kbit/s
OPUk	
OPU1	2 488 320 kbit/s
OPU2	238/237 ×9 953 280 kbit/s =9 995 276. 962 kbit/s
OPU3	238/236 ×39 813 120 kbit/s =40 150 519. 322 kbit/s

23　OTN 映射复用

OTN 借鉴 SDH 映射复用的思想，规定了客户信号装载入 OTN 帧结构中的处理过程，如图 12所示。

客户信号映射到光通道净荷单元 OPU1，加上 OPU1 开销，便构成 OPU1，OPU1 加上 ODU1 通道开销，便构成光通道数据单元 ODU1。OTN 对信号的复用方式有 WDM 和 TDM 两种。如果

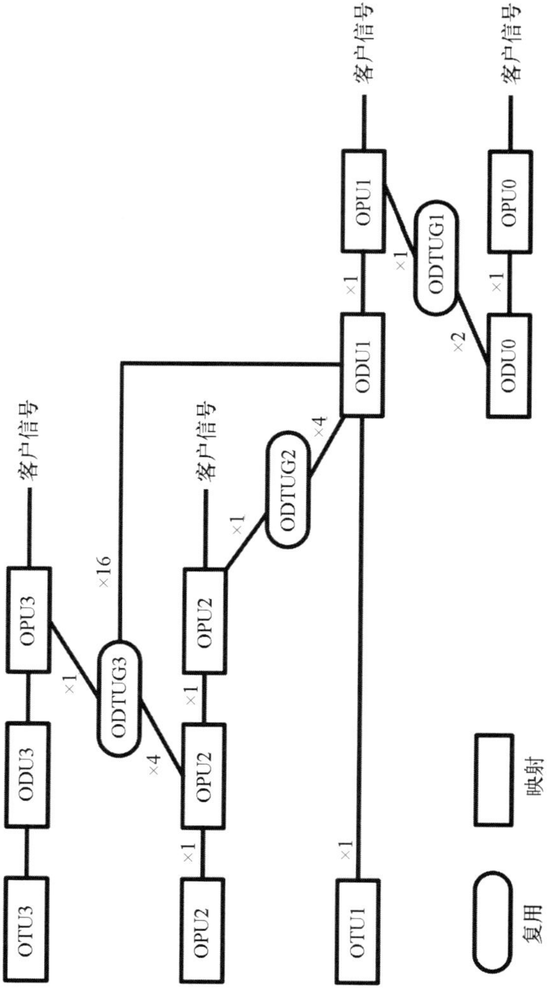

图12 OTN映射复用路径

ODU1 直接通过一个波长来传输，就可以加上 OTU1 开销、帧定位开销和 OTU1 FEC 开销，形成光通道传送单元 OTU1，再调制到某个光波长上，经过 WDM 后传输。如果 ODU1 不直接通过一个波长来传输，则可以通过 TDM 后形成光通道数据支路单元组 ODTUG2 或 ODTUG3，再送到相应等级的 OPU*k* 中来传输，OPU*k* 可映射到 ODU*k*、OTU*k* 中，并加载到某一光波长上，经 WDM 后传输。

24 OTN 保护

OTN 保护包括设备级保护和网络级保护两种方式。设备级保护发生在互为保护的设备（单板）之间，防止当单板出现故障时发生业务中断，主要通过电源备份、风扇冗余、交叉板备份等方式提供保护。网络级保护按照保护层级分为电层保护和光层保护，如图 13 所示。电层保护对象为 ODU*k*，光层保护包括光通道层保护、光复用段层保护和光传输段层保护。其中，光通道层保护层级较低，主要实现业务端到端的保护；光复用段层保护和光传输段层保护层级较高，保护对象分别是复用段合波信号和光缆线路。

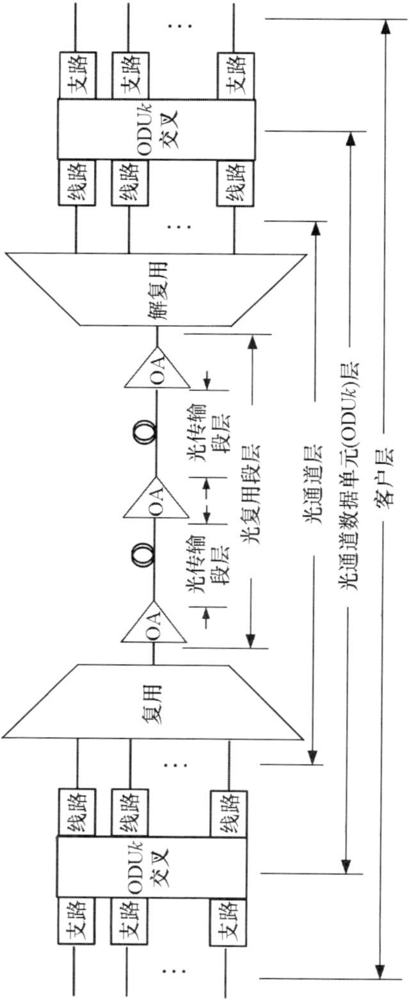

OA：光放大器

图13 OTN网络级保护

25 固定光分插复用设备

光分插复用设备（OADM）的主要用途是根据业务需要上路、下路和穿通不同波长的信道。而固定光分插复用设备（FOADM）只能穿通上路和下路指定波长的信道，不能动态地调整上路和下路的信道。上路和下路的波长都是基于规划分配的，波长数量固定，光方向固定，如图14所示。

一经分配后，波长变更比较麻烦，在波长业务出现调整、扩容时需要运维人员赴现场支持，人工现场调节功率预算，无法实现远程自动调节，不能满足网络的弹性需求。

26 可重构光分插复用器

可重构光分插复用器（ROADM）是一种使用在密集波分复用系统中的器件或设备，其作用是通过远程重新配置，动态调整上路或下路业务波长。也就是说，在线路中间，可以根据需要任意指配上路或下路业务的波长，实现业务的灵活调度。在ROADM中，通过光波长选择开关（WSS）

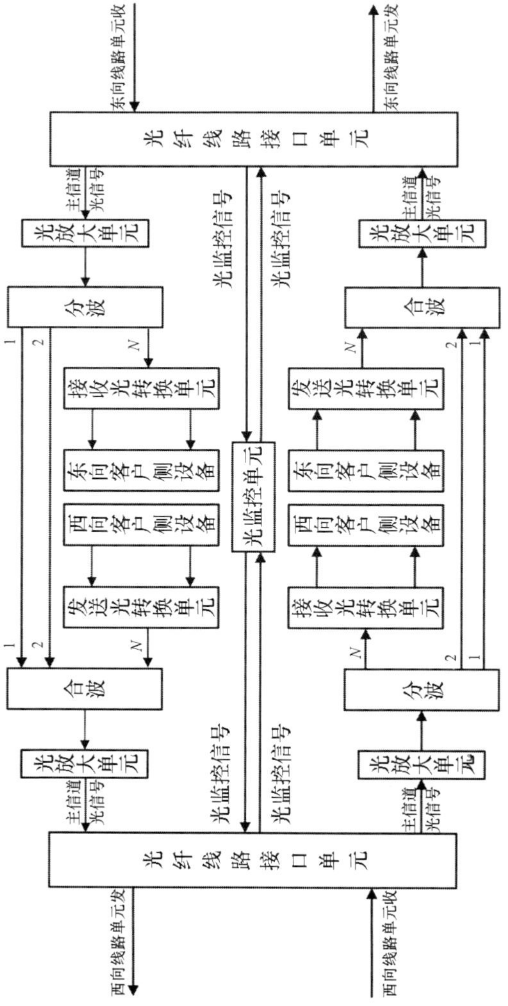
东向线路单元收
东向线路单元发
光纤线路接口单元
主信道光信号
光放大单元
光监控信号
分波
合波
接收光转换单元
发送光转换单元
东向客户侧设备
西向客户侧设备
光监控单元
1
2
N
西向线路单元发
西向线路单元收

图14 FOADM组成

从合波信号中分插出任意的单波或合波信号，实现多个维度的动态光波长调度，并可实现上述过程的逆过程，如图 15 所示。

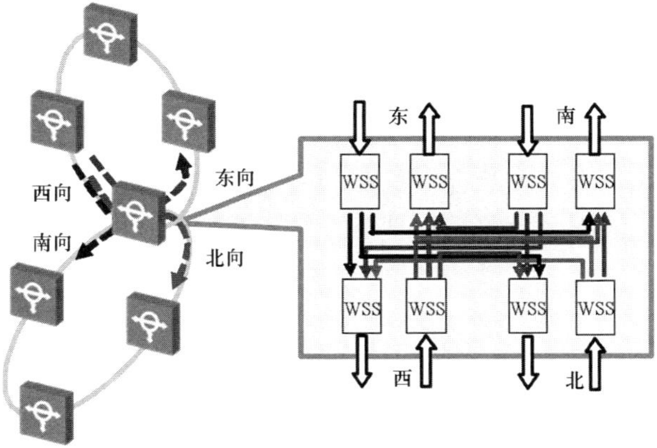

图 15　ROADM 中的 WSS

网络节点采用 ROADM 后，网管系统可以控制某个波长通过该节点或者从本地端口下路，不需要像 FOAOM 那样采用跳纤的方式来调整波长的上下或穿通。由于业务指配更快捷、处理更加自动化、网络规划和施工更简化，因此网络监控能力和网络扩展能力也更强大。

27 分组传送网

分组传送网（PTN）是在IP业务和底层光传输媒质之间、针对分组业务流量的突发性和统计复用传送的要求而设计的传送层。它支持多种基于分组交换业务的双向点对点连接通道，具有适合各种粗细颗粒业务、端到端的组网能力，提供了更加适合于IP业务特性的“柔性”传输管道；具备丰富的保护方式，遇到网络故障时能够实现基于50 ms的电信级业务保护倒换，实现传输级别的业务保护和恢复；继承了SDH技术的OAM（机制），保证网络具备保护切换、错误检测和通道监控能力；完成了与IP/MPLS多种方式的互连互通，无缝承载核心IP业务；网管系统可以控制连接信道的建立和设置，实现了业务QoS的区分和保证，灵活提供SLA等优点。

PTN分为三层网络：虚通道（VC）层网络、虚通路（VP）层网络和虚段（VS）层网络，如图16所示，从而实现各网络层各尽其职，使网络更高效地运行。

（1）虚通道层网络

虚通道层可将客户业务信号封装进虚通道中，提供点到点、点到多点以及多点到多点的业

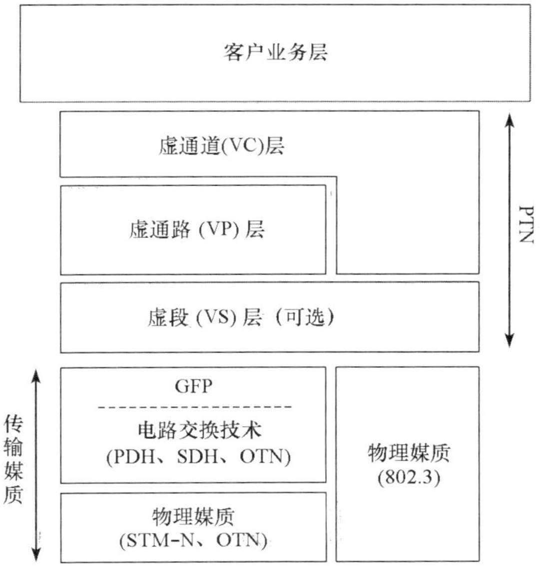

图 16　PTN 分层结构

务传送、运行、管理和维护功能，并以此来对虚通道层进行检测并触发虚通道层子网连接的保护。该层所传的客户业务信号可以是以太网信号，也可以是非以太网信号，如 TDM、ATM 和帧中继信号。

（2） 虚通路层网络

虚通路层网络提供点到点和点到多点的虚通路层链路，用于支持虚通道层网络。它提供分组传送网络隧道，将一个或多个客户业务汇集到一个更大的隧道中，从而便于分组传送网实现更经济有效的传送、交换、OAM、保护和恢复。

（3）虚段层网络

虚段层网络具有监测物理媒介的点到点的连接的能力，同时提供点到点的PTN虚通道和虚通道层链路，用于支持虚通道和虚通道层网络。虚段层是可选层，当物理媒介不能充分支待所要求的OAM或点到点虚段层连接跨越多条物理媒介链路时，PTN虚段层可选。

28 软件定义网络

软件定义网络（SDN）是由美国斯坦福大学提出的一种新型网络创新架构，是网络虚拟化的一种实现方式，其思想是通过控制与转发分离，将网络中交换设备的控制逻辑集中到一个计算设备上，为提升网络管理配置能力带来新的思路，使网络作为管道变得更加智能。SDN的提出被认为是网络领域的一场革命。

SDN的整体架构由下到上（由南到北）分为数据平面、控制平面和应用平面。其中，数据平面由交换机等网络通用硬件组成，各个网络设备之间通过不同规则形成的SDN数据通路连接；

控制平面掌握着全局网络信息，其主要作用是集中管理网络资源，并提供灵活的网络流量调度和控制能力，其中 SDN 控制器是核心部件，也是整个 SDN 体系结构中的逻辑中心；应用平面包含各种基于 SDN 的应用，用户无须关心底层细节就可以编程、部署新应用，如图 17 所示。

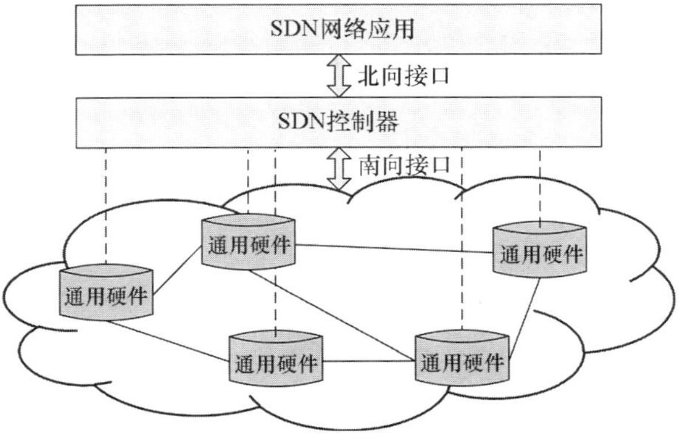

图 17　SDN 分层结构

29　光纤色散

色散是复色光分解为单色光而形成光谱的现象。例如，太阳光通过三棱镜后，由于它对各种频率的光具有不同折射率，各种色光的传播方向有一定程度的偏折，因而在离开棱镜时就各自分散，产生由红到紫循序排列的彩色连续光谱。

光纤中也存在色散，它实际是一种脉冲展宽现象，具体指的是不同模式分量、不同频率下的光信号或光脉冲，在光纤中保持不同的传输速度并传输一定距离后，会出现信号失真现象，如图18所示。以单模光纤为例，色散将导致码间干扰，在接收端将影响光脉冲信号的正确判决，误码率性能恶化，严重影响信息传送。

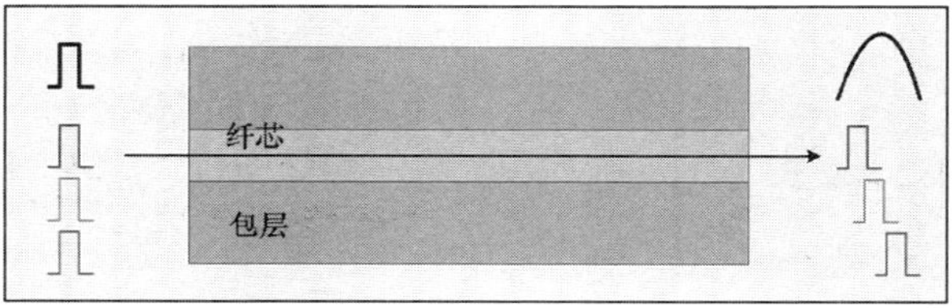

图18　光纤中的色散

30　光纤损耗

光纤损耗是指光纤每单位长度上的衰减，单位为 $dB \cdot km^{-1}$。光纤损耗直接影响传输距离或中继站间隔距离的远近，同时也可能导致光信号在传输过程中出现误码，影响传输质量，如图

19 所示。

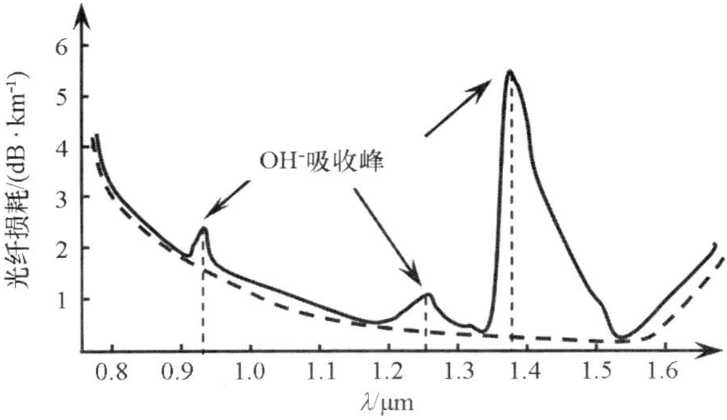

图 19　光纤损耗谱

光纤损耗大致可以分为固有损耗和附加损耗。固有损耗是光纤本身特征引起的，可以通过光纤制造工艺的不断提升而得到改善。而附加损耗是在光纤的使用过程中人为造成的。例如，光纤的连接会产生损耗，光纤微小弯曲、挤压、拉伸受力也会引起损耗。附加损耗是可以尽量减小甚至避免的。

不同波长的激光在光纤中传输时，其衰减损耗各不相同。经过物理实验发现，光纤分别在 850 nm、1 310 nm 和 1 550 nm 三个波长附近损耗较小，光纤通信系统中使用的就是这三个低损耗窗口的波长。一般将光纤损耗低的区域，称为光谱窗口。

2

设备篇

1 华为 OptiX OSN 3500

OptiX OSN 3500 系列产品是华为技术有限公司开发的新一代智能光传输设备，它融合了 SDH、PDH、Ethernet、ATM、SAN、DDN、ASON 等技术，实现了在同一个平台上高效传送语音和数据业务，主要应用于城域网中的汇聚层和骨干层。

OptiX OSN 3500 设备子架采用双层子架结构，分为出线板区、风扇区、插板区和走纤区，如图 20 所示。主要单板功能如下：

（1）光线路板（SL1、SL4、SL16、SL64）提供标准的光接口。

（2）业务处理板（PQ1）提供 63 路 E1 信号的映射和解映射功能，对应的接口板为 D75S。

（3）以太网交换处理板（EFS4）主要用于以太网业务接入、带宽管理和以太网业务二层交换等。

（4）交叉时钟板（GXCSA）完成多方向的业务交叉，并为设备提供系统时钟。

（5）系统控制与通信板（SCC）提供系统与网管的接口，完成公务、通信和系统电源监控的功能。

（6）系统辅助接口板（AUX）提供各种维护和管理接口，如公务电话接口、网管接口、时钟输入输出接口等。

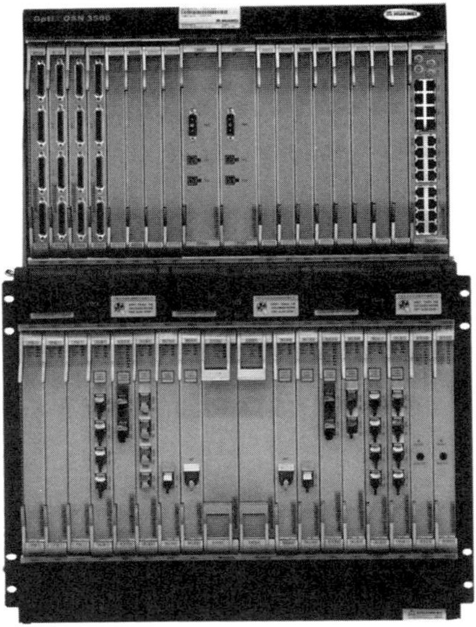

图 20　华为 OptiX OSN 3500 设备子架

2　中兴 S385

S385 系列产品是中兴通讯股份有限公司开发的新一代智能光传输设备，它继承了 MSTP 的全部特点，可以在同一个平台上高效传送语音和数据业务，主要应用于城域网中的接入和汇聚层。S385 整机采用标准的“IEC 19 机柜 + 子架”结构形式，设备机柜及子架满足前操作、前维护的使用要求，如图 21 所示。

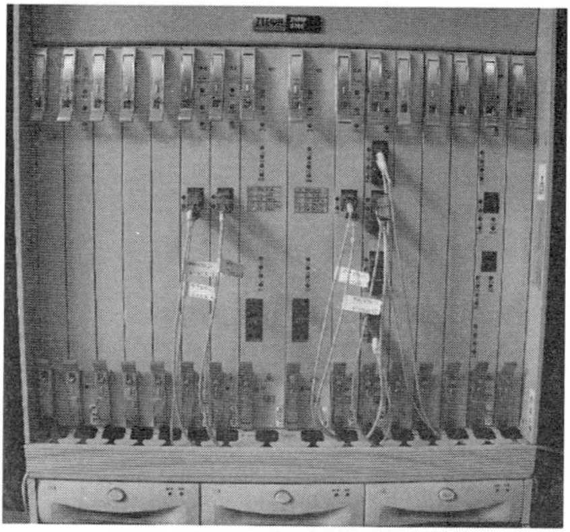

图 21　中兴 S385 设备子架与单板

主要单板功能如下：

（1）网元控制板（NCP）提供设备网元管理功能，是系统网元级监控中心。

（2）公务板（OW）采用 STM－N 信号中的公务字节，实现系统的公务电话功能。

（3）Qx 接口板（QxI）提供电源接口、告警指示单元接口、列头柜告警接口、辅助用户数据接口、网管 Qx 接口和扩展框接口。

（4）时钟接口板（SCI）提供外部参考时钟接口。

（5）交叉时钟板（CS）完成多方向的业务交叉和保护倒换控制，并且实现网同步的功能。

（6）光线路板（OL1、OL4、OL16、OL64等）提供标准的光接口。

（7）业务处理板（EPE1）实现 E1 信号的映射和解映射功能。

3 光纤配线架

光纤配线架（ODF）是光缆和光通信设备之间或光通信设备之间的配线连接设备，如图 22 所示，它是光传输系统中一个重要的配套设备，主要用于局端主干光缆的成端和分配，可以方便地实现光纤线路的连接、分配和调度，具有光缆固定与保护功能、光纤终接功能、调线功能、光缆纤芯和尾纤的保护功能、标识记录功能和光纤存储功能。一般情况下，一个 ODF 上有若干光配线模块。

ODF 的机架结构有封闭式、半封闭式和敞开式，机架高度分为 2 600 mm、2 200 mm 和 2 000 mm三类，其宽度推荐选用 120 mm 的整数倍，深度推荐选用 300 mm、450 mm 及 600 mm。

当光缆被引入 ODF 时，其弯曲半径应不小于光缆直径的 15 倍。光纤光缆穿过金属板孔及沿结构件锐边转弯时，应装保护套及衬垫；纤芯、尾纤无论处于何种弯曲，其曲率半径应不小于 30 mm。ODF 结构装置上的文字、图形、符号和标志应清晰、完整、无误。

图 22　ODF

4　数字配线架

数字配线架（DDF）又称高频配线架，以系统为单位，有 8 系统、10 系统、16 系统和 20 系统等。它主要用于光纤通信设备之间、光纤通信设备与其他通信设备之间的相同速率数字电信号的连接和人工调度，能使数字通信设备的数字码流的连接成为一个整体，速率为 2～155 Mbit/s 信号的输入、输出都可终接在 DDF 上，这为配线、调线、转接、扩容都带来很大的灵活性和方便性。将来自微波、光纤及其他设备的 ITU－T G.703 信号（2 Mbit/s 信号）通过 75Ω 的同轴电缆接到 DDF 上，电缆与接线座固定连接，以保证接续衰耗最小。一般情况下，一个 DDF 上有若干数字配线模块，如图 23 所示。

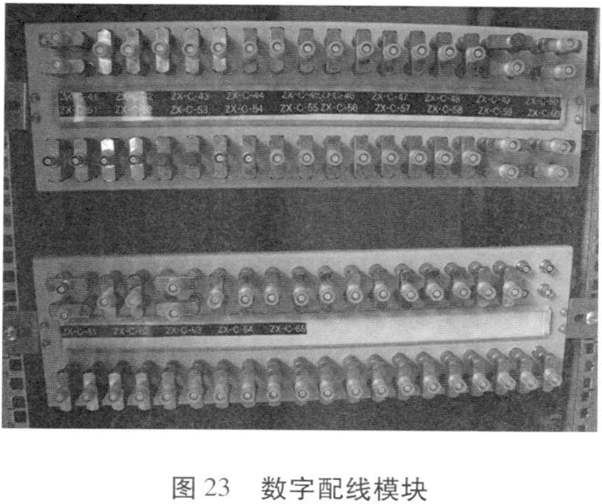

图 23　数字配线模块

5 华为 OptiX OSN 8800

OptiX OSN 8800 是华为技术有限公司开发的下一代智能 OTN 产品，包含 OptiX OSN 8800 T64、OptiX OSN 8800 T32、OptiX OSN 8800 T16 以及 OptiX OSN 8800 平台子架，可实现光电混合交叉、动态的光层调度和灵活的电层调度（注：OptiX OSN 8800 平台子架没有电层调度功能），如图 24 所示。光层采用 DWDM 技术实现

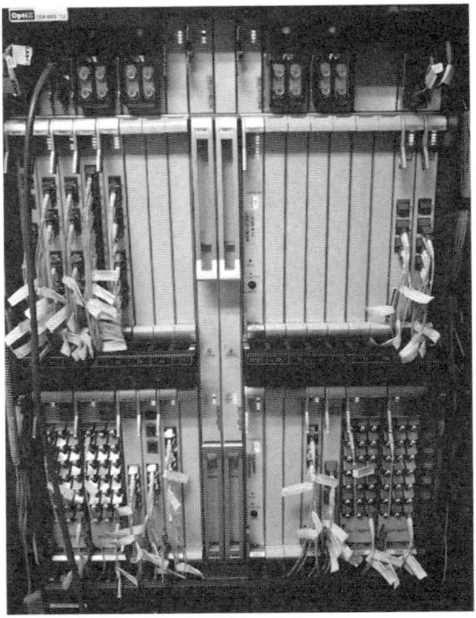

图 24 华为 OptiX OSN 8800 设备子架与单板

多业务、大容量、全透明的传输功能；通过应用 OTN 技术，业务电层调度灵活，不同业务共享带宽，借助丰富的 OTN 开销和网管系统，网络维护和故障定位方便有效；采用 OTN + ROADM，任意客户侧业务可交叉调度到任意方向，提高带宽利用率；设备提供多种设备级保护和网络级保护；支持点到点、链形、环形、网状等组网方式，可以与其他 WDM、SDH 设备共同组网。

6 中兴 ZXMP M800

ZXMP M800 是中兴通讯股份有限公司开发的 DWDM 产品，除具备骨干网上 DWDM 设备容量大、拥有多种光接口等特点以外，还具有灵活性、可扩展性、多种业务接入能力以及多种保护功能，如图 25 所示。ZXMP M800 适合 20 km、40 km、80 km 等多种跨距组网；设备采用开放式设计，利用光、电、光的波长转换技术将接入的光信号转换为符合 G. 692 建议的波长信号输出，可接入包括 STM - N、GE、10GE 等多种格式的光信号；设备可配置为 OTM、OLA、OADM，灵活地组成链形、环形、环带链、相切环等各种复杂的网络结构；提供多种设备级保护和网络级保护。

图 25　中兴 ZXMP M800 设备子架与单板

7　烽火 FONST 6000

FONST 6000 是烽火通信科技股份有限公司推出的一款基于统一交换体系的、超大容量分组增强型光传送网（POTN）智能光传送设备，如图26所示。设备采用统一交换平台，使PTN设备和OTN设备融合在一起，支持ODU、VC、PKT等多种类型业务颗粒集中交换和统一调度；支持100 Mbit/s～100 Gbit/s速率和协议的业务接入，根据业务按需分配带宽；兼具PTN设备小颗粒业务的灵活性和OTN设备的海量传送容量；支持多种设备级保护，如智能风扇保护、电源1+1保护、交叉盘 $M+N$ 保护等；提供电层和光层两类网络级保护；提供数据业务网络级保护。FONST 6000可灵活配置为OTM、OLA、FOADM和ROADM等网络节点，支持点到点、链形、环形和网状等组网方式。

设备由传送平面、管理平面、控制平面组成，三个平面协同工作，共同实现智能化的业务传送。传送平面分为电层和光层，它们共同完成端到端的业务传送；管理平面提供对传送平面、控制平面的管理功能以及图形化的业务配置界面，并完成所有平面间的协调和配合；控制平面负责搜集路由信息，并计算出业务的具体路由。

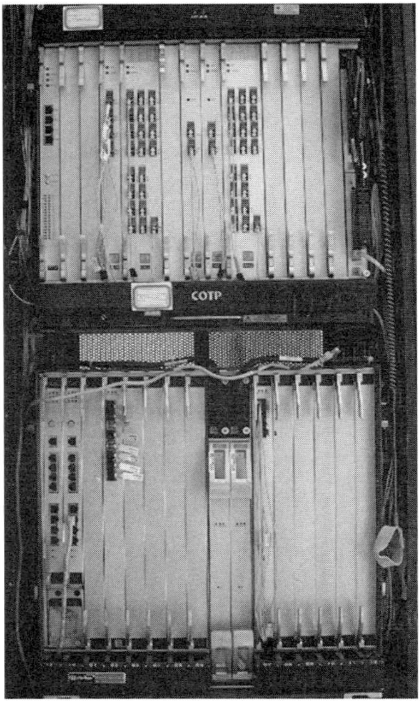

图 26　烽火 FOSNT 6000 设备子架与单板

8　DD942

DD942 系列 2M 误码测试仪由柳州市达迪通信设备有限公司（现为柳州达迪通信技术股份

有限公司）生产，它是电路开通、故障排除、值勤维护过程中使用的必备仪表，不仅可以完成2M在线误码监测，还具备离线误码测试、话路监听等功能，可以模拟2M电路上的各种告警和误码，并进行误码指标和告警分析。DD942系列2M误码测试仪是一种手持式、电池、汉字显示的数字通信测试仪表，如图27所示，可用于以光纤、微波为传输媒介的通信系统测试，可生成和分析成帧（带/不带CRC4）、不成帧的2 Mbit/s信号，可进行2M在线误码性能监测、单路64 kbit/s伪随机码监测、离线D－D测试、2M离线误码性能测试。主要功能有：

（1）可测试PCM30/PCM31系统；

（2）自动检测2 Mbit/s信号的帧及图案；

（3）帧同步码、64 kbit/s单路伪随机码、CRC4误码性能监测；

（4）2 Mbit/s离线误码性能测试；

（5）单个误码插入、按比例插误码功能；

（6）测试2 Mbit/s信号任一路电平；

（7）显示30路忙闲状态；

（8）可发送abcd信令，显示abcd信令码；

（9）在线测试2Mbit/s系统时钟频偏；

（10）可存储显示、打印测试结果；

（11）监听任一路话音，音量可调；

（12）256kbit/s位的存储量，可存储2 000

次以上的误码、告警事件的次数、持续时间、发生时间以及误码数、误码率；

（13）带无记忆效应的镍氢电池、自动充电、电量显示；

（14）声音告警、发光二极管告警提示；

（15）可通过 RS232C 接口与计算机进行通信，通信端口并/串可选。

图 27　DD942 系列 2M 误码测试仪

9 ANT－20

ANT－20 系列产品是 WWG 公司（现被 JDSU 公司收购）生产的 SDH 综合分析仪，如图 28 所示，主要用于 SDH 的测试与分析，包括误码、告警、开销、抖动和漂移等。它采用先进的模块化设计方法，操作平台采用 Windows 的界面风格，功能上满足 ITU－T 最新的 O. 172 建议。主要功能如下：

（1）支持多速率的接口。

①SDH 接口：STM－1（电口）、STM－1（光口）、STM－4（光口）、STM－16（光口）。

②PDH 接口：2 Mbit/s、8 Mbit/s、34 Mbit/s、140 Mbit/s。

（2）提供远程控制和远程操作功能，可通过 V. 24 或通用接口总线（GPIB）进行远程控制和操作。

（3）提供自动保护倒换（APS）的时间测试和时延测试，精度可达 1 ms。

（4）可长时间进行在线监测，监测时间可达 99 天之久，并且测试结果可打印输出。

（5）在电口上提供 75 Ω 的端口，在 2 Mbit/s 电口提供 75 Ω 和 120 Ω 两种阻抗端口，在光口上提供通用的光适配器。

（6）提供通过模式，可对支路信号进行分接和插入，并且在通过模式下可对信号进行加抖动和加误码等操作。

（7）提供字节捕捉功能，可对开销字节进行捕捉。

（8）提供稳定度为 $\pm 2 \times 10^{-6}$ 的内部时钟。

图 28　ANT－20

10 光功率计

光功率计是用来测量光功率大小、线路损耗、系统富余度及接收机灵敏度等的仪表，是光纤通信系统中最基本、最主要的测量仪表之一，如图 29 所示。

图 29　光功率计

一台光功率计既可用来测量一个光源的输出

功率，也可以用来监测光源输出光功率的稳定度。同时，光功率计与其他仪器仪表组合还可以测量光衰减器的衰减值是否准确、光缆线路的衰减值和无源器件的插入损耗等。光缆线路还可以利用光功率计监测光路衰减的变化，从而达到对光缆线路的监测。

光通信测量中常用的光功率单位有 mW 和 dBm。

11 光时域反射仪

光时域反射仪（OTDR）简称光时域计，是通过对测量曲线的分析，了解光纤的均匀性、缺陷、断裂、接头耦合等性能的仪表，如图 30、图 31 所示。它根据光的后向散射与菲涅尔反射的原理制作，利用光在光纤中传输时所产生的后向散射光来获取衰减的信息，可用于测量光纤衰减、接头损耗、光纤故障点定位以及了解光纤沿长度的损耗分布情况等，是光缆线路施工、维护及监测中必不可少的工具。

OTDR 动态范围的大小决定其可测光纤的距离，增大 OTDR 动态范围主要有两个途径：增加初始背向散射电平和降低噪声低电平。影响初始背向散射电平的因素是光的脉冲宽度，影响噪声

图 30　FTB－400 光时域反射仪

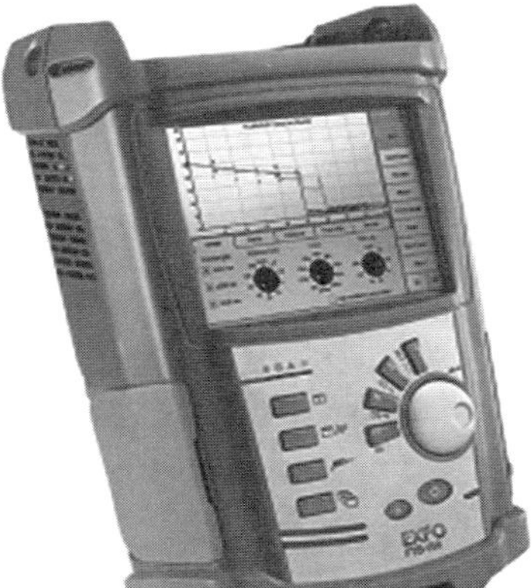

图 31　FTB－150 光时域反射仪

低电平的因素是扫描平均时间。光脉冲宽度越大，OTDR 的动态范围越大；扫描平均时间越长，OTDR 的动态范围越大。

光纤中的盲区分为事件盲区和衰减盲区两种，对于 OTDR 来说，盲区越小越好。盲区会随着脉冲宽度的增加而增大，增加脉冲宽度虽然增加了测量长度，但也增大了测量盲区，所以在测试光纤时，对 OTDR 附近的光纤和相邻事件点的测量要使用窄脉冲，而对光纤远端进行测量时要使用宽脉冲。

OTDR 在测试过程中使用的基本参数主要有：波长、折射率、动态范围、量程、脉冲宽度等。

12　3M 路由探测仪

3M 路由探测仪是一种具有微处理器的电（光）缆外皮故障及路由探测仪，能快速有效地确定地下电（光）缆走向、埋深及外皮故障的位置。

3M 路由探测仪由三部分组成：具有能探测外部电压及测试接地棒接地电阻的发射器，如图 32所示；具有能用图形指示信号强弱以及电缆位置的接收器，如图 33 所示；用于确定故障

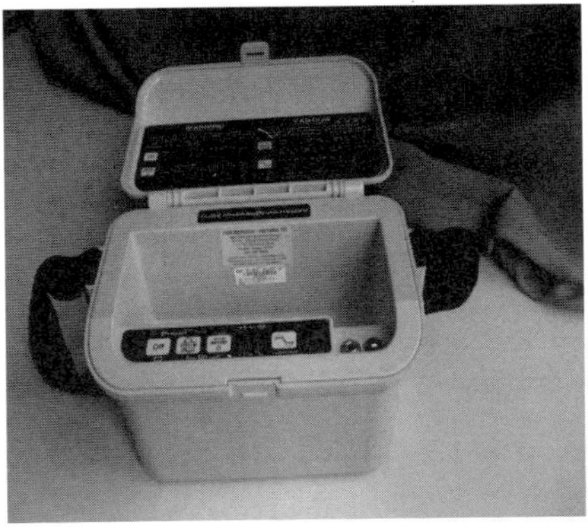

图 32　3M 路由探测仪发射器

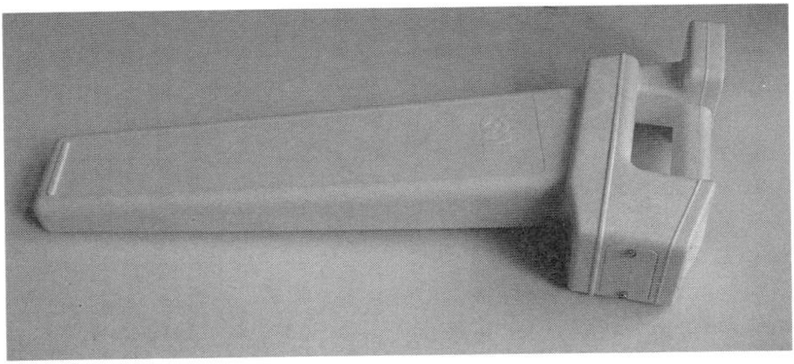

图 33　3M 路由探测仪接收器

方向且配有色标的触地支架。主要功能如下：

(1) 确定电缆（光缆）的走向；

(2) 探测电缆（光缆）的深度；

(3) 探测电缆的信号电流；

(4) 探测外皮故障及电缆的破坏处；

（5）识别电缆外皮故障的轻重程度；

（6）探测架空电缆的短路或碰地故障；

（7）确定受潮部分的电缆线对；

（8）探测电力电缆。

在确定光（电）缆走向时，接收器有四种工作方式：峰值、反峰值、差分值、特殊峰值，如图 34 所示，可以根据实际情况选择有效的工作方式。2273E 探测仪还具有四种有源跟踪频率（577 Hz、8 kHz、33 kHz 和 133 kHz），依据实际情况，可以单独或同时使用来补偿现场条件的变化。

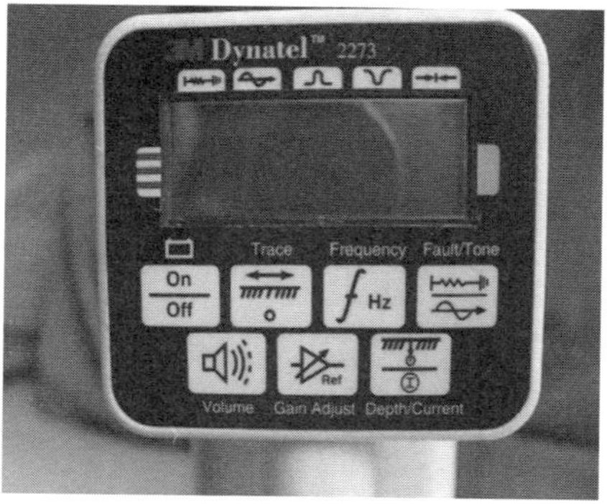

图 34　3M 路由探测仪接收器面板

13　光纤熔接机

光纤熔接机主要用于光通信中光缆的施工和维护，其工作原理是利用高压电弧将两根光纤断面熔化的同时，用高精度运动机构平缓推进让两根光纤融合成一根，以实现光纤模场的耦合，如图 35 所示。

图 35　TYPE－39 型光纤熔接机

光纤熔接机除单芯光纤熔接机外，还有专门熔接带状光纤的带状光纤熔接机，熔接皮线光缆、跳线的皮线熔接机，以及熔接保偏光纤的保偏光纤熔接机。

光纤熔接机按照对准方式不同可分为两大类：包层对准式（轮廓对准系统（PAS））和纤芯对准式。包层对准式光纤熔接机主要应用于光纤入户等对指标要求不太高的场合，一般是四马达，价格相对便宜。纤芯对准式光纤熔接机配备了包括聚焦马达的精密六马达对准系统和特殊设计的光学镜头及软件算法，能准确识别光纤类型并自动选用与之相匹配的熔接模式进行熔接，以保证熔接质量。纤芯对准式光纤熔接机由于技术含量比较高，除可用于光纤入户之外还可应用于干线光纤熔接，因此价格相对较高。

14 光谱分析仪

光谱分析仪是 WDM 和 OTN 系统安装、开通、维护和故障定位较常使用的仪表，也可以持续监视关键参数以检测系统稳定性，如图 36 所示，在保证 WDM 和 OTN 系统正常运行方面发挥着重要作用。

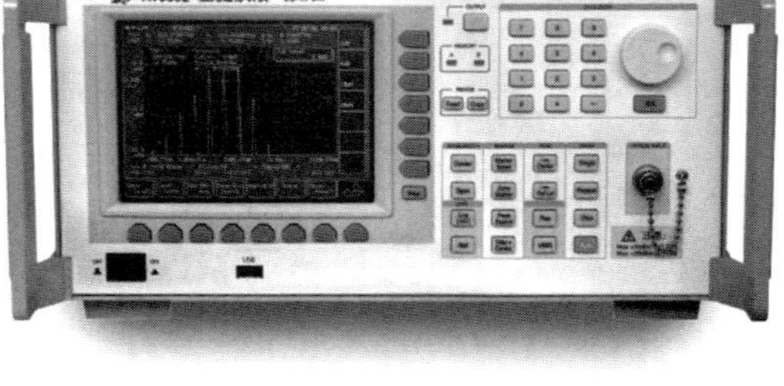

图 36 光谱分析仪

光谱分析仪能将光波信号按其各组成部分的波长分解，这意味着在一定波长范围内可以清晰地看到光谱轮廓。光谱轮廓以图形方式显示，横轴为波长，纵轴为对应功率。用这种方法可以将单根光纤上的 DWDM 成分信号分开，进行单个通道的分析，也可以分析各通道的谱间干扰。基于此，光谱分析仪常用来测量光谱、各参考点通路信号光功率、各参考点光信噪比、光放大器各个波长的增益系数和增益平坦度等参数。性能优良的光谱分析仪必须具备高的光抑制比、宽的功率动态范围、大的波长测量范围、小的分辨带宽以及模块化等优势，才能在实际测量中发挥更大的作用。

15 ONT－30

ONT－30 是美国 ACTERNA 公司生产的一款能够用于纯光测试的通用测试仪表。仪表采用多端口结构与灵活的硬件软件结构设计，因此可随测试需求改进。仪表主机带有专门用于光测试应用的两个模块插槽，可提供三种不同类型的光谱分析仪以及一台光 Q 因子测量仪模块。测试覆盖 C 波段、L 波段与 S 波段，提供双端口光谱测试分析功能，如图 37 所示。ONT－30 的用户界面基于网络浏览器，仪表固件升级可以连接互联网下载，可有效提高安装与维护人员的测试效率。

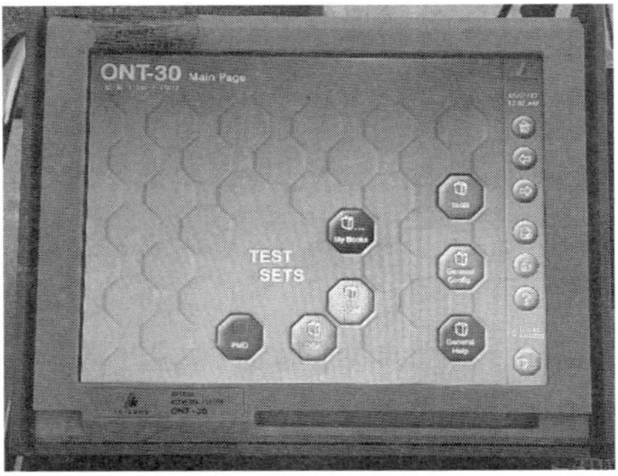

图 37　ONT－30

16　ONT－600

ONT－600 是美国 JDSU 公司推出的一款便携式、多技术、多通道测试仪，如图 38 所示，该仪表可用台式机进行测试，也可通过一个紧凑型机箱进行现场测试或远程控制测试。仪表高速率光接口器件为 10G 小型可插拔光模块（XFP）固定光器件、小型可插拔光模块（SFP），所有可用速率都提供了非成帧码型和误码测试功能。仪表六个槽位将各种测试模块组合使用实现多种测试功能，如 OTN OTU2/OTU1 测试功能，可进行信号生成和分析、前向纠错（FEC）生成和分析，还支持全面的 ODU 复用，包含多级复用以及 ODU 多通道功能；支持通用成侦协议（GFP）测试，包括 GFP 帧类型的生成和分析，差错和告警处理等；支持 GE 和 10GE LAN 测试；支持 SDH/SONET 测试以及抖动和漂移测试等。

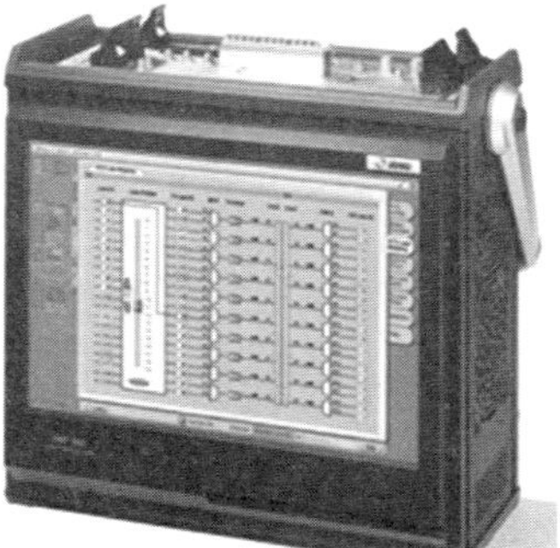

图 38　ONT－600

17　光纤

光纤是用来导光的透明介质纤维。一根实用化的光纤由多层透明介质构成：折射率较高的纤芯、折射率较低的包层和外面的涂覆层，如

图 39所示。

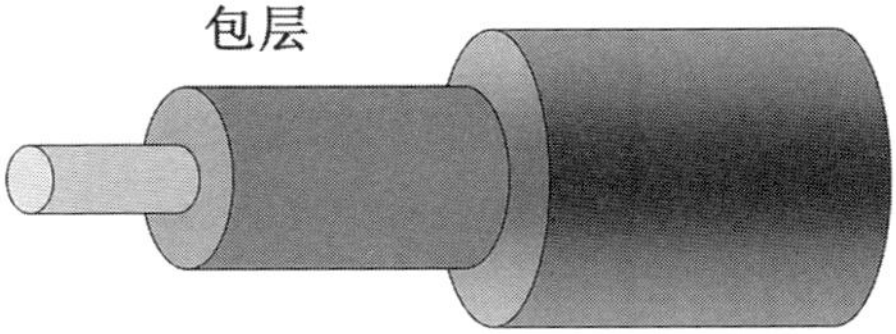

图 39　光纤结构

纤芯是由高度透明的材料制成，作用是传输光信号。包层的折射率略小于纤芯，作用是使光信号封闭在纤芯中传播。纤芯和包层通常称为裸纤。涂覆层的作用是保护光纤不受水汽的侵蚀和机械擦伤，同时增加光纤的柔韧性，由于它不传导光，为了区分可以染成各种颜色。

通信用多模光纤纤芯的标称直径为 50 μm（或 62.5 μm），单模光纤纤芯的标称直径为 8 ~ 12 μm，包层的标称外径为 125 μm。

在光纤制造过程中，裸纤从高温炉拉丝完成后约 2 s 内要进行预涂覆（即一次涂覆），经过一次涂覆后光纤又称为素纤，其外径为 250 μm。

18　光缆

为了使光纤能够适用于多种环境条件，并顺利地完成施工敷设，必须把光纤和其他元器件组合起来构成一体，这种组合体就是光缆。

光缆一般由缆芯、加强件和护层三部分组成，剖面图如图 40 所示。

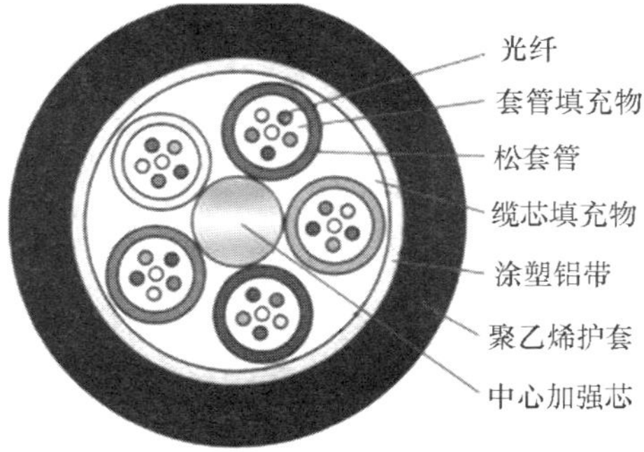

图 40　光缆剖面图

缆芯由单根或多根光纤芯线组成，有紧套和松套两种结构。光缆的基本结构（基本缆芯组件）大体上有层绞式、骨架式、束管式和带状式。

加强件用于增强光缆敷设时可承受的负荷，

一般是金属丝或非金属纤维。

护层具有阻燃、防潮、耐腐蚀等特性，主要是对已成缆的光纤芯线进行保护。光缆的保护层可以分为内部保护层和外部保护层，通常情况下，内部保护层会选用聚乙烯或聚氯乙烯等材料，而外部保护层的选择会根据敷设环境条件来确定，可以采用铝带和聚乙烯制造的铝—聚乙烯粘结（LAP）外护套，也可以使用钢丝铠装等方法。

19　光纤活动连接器

光纤活动连接器是指通过机械的方式使两根光纤准确对准以达到光路联通的目的，从而实现光纤之间活动连接的无源光器件，是一种以单芯插头和适配器为基础组成的插拔式连接器，它还具有将光纤与有源器件、光纤与无源器件、光纤与设备和仪表进行活动连接的功能，如图 41 所示。经过多年的研究和开发，光纤活动连接器已经形成了门类齐全、品种繁多的系列产品。目前 FC、SC、LC、ST 型光纤活动连接器占主导地位。为了满足小空间、大数据、高速度传输的需要，还出现了各种新型的光纤活动连接器，如 MU、MTP、MPO 型连接器。

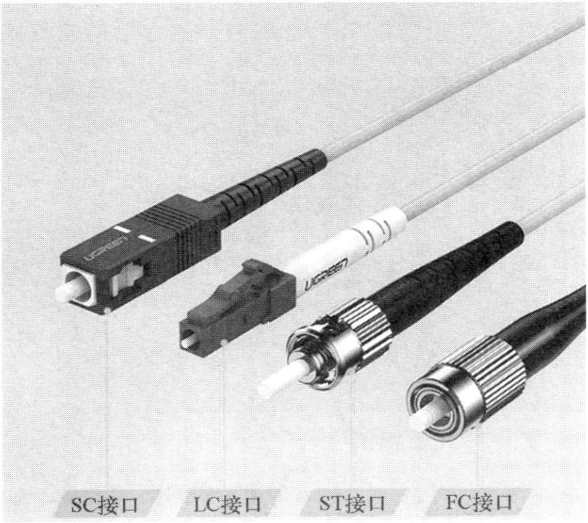

图 41　光纤活动连接器

20　FC 型光纤活动连接器

FC 型光纤活动连接器最早是由日本电信电报（NTT）公司研制，其外部加强方式是采用金属套，紧固方式为螺丝扣，插针体采用外径为 2.5mm 的精密陶瓷插针。接头端面研磨方式包括球面 PC 研磨方式、超平面 UPC 研磨方式和斜球面 APC 研磨方式，如图 42 所示。该连接器是目前世界上使用最广泛的类型，被广泛用于光缆干线系统。

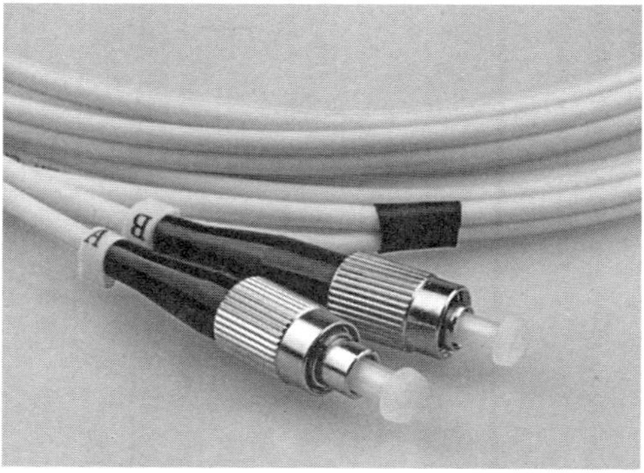

图 42　FC 型光纤活动连接器

21　SC 型光纤活动连接器

SC 型光纤活动连接器由 NTT 公司开发，接头是卡接式标准方型接头，紧固方式是采用插拔销闩式，插针体采用外径为 2.5 mm 的精密陶瓷插针，端面多采用球面 PC 研磨方式、超平面 UPC 研磨方式和斜球面 APC 研磨方式，如图 43 所示。此类连接器不需要螺纹连接，直接插拔，操作空间小，便于密集安装，具有抗压强度较高、耐高温、不容易氧化等优点。

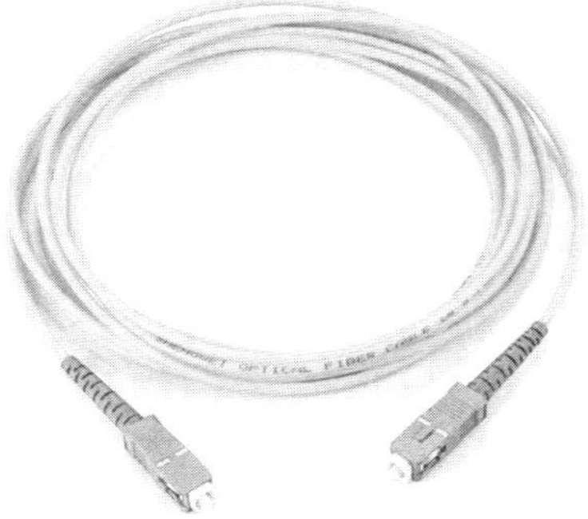

图 43　SC 型光纤活动连接器

22　LC 型光纤活动连接器

LC 型光纤活动连接器由朗讯科技公司开发，采用操作方便的模块化插孔闩锁机理制成，外壳为矩形，用工程塑料制成，带有按压键。陶瓷插针的外径仅为 1.25 mm，是普通 SC、FC 尺寸的一半，这大大提高了光纤配线架中光纤连接器的密度，如图 44 所示。

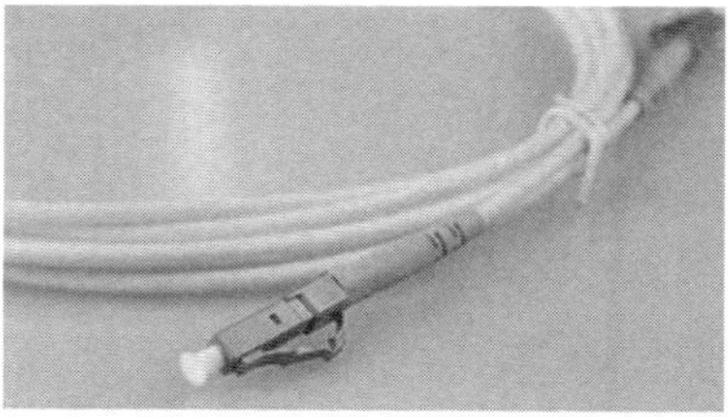

图 44　LC 型光纤活动连接器

23　ST 型光纤活动连接器

ST 型光纤活动连接器由美国电话电报（AT&T）公司设计开发，连接器为带键的卡扣式锁紧结构，插针体采用外径为 2.5 mm 的精密陶瓷插针，端面多采用球面 PC 研磨方式、超平面 UPC 研磨方式和斜球面 APC 研磨方式，如图 45 所示。连接器接头插入法兰盘压紧后，旋转一个角度便可使插头固定牢固，并对光纤端面施加一定的压紧力。

图 45　ST 型光纤活动连接器

24　光纤适配器

光纤适配器又称为光纤法兰盘，其两端可插入相同或不同接口类型的光纤连接器，在光纤线路中完成 FC、SC、ST、LC、MTRJ、MPO、E2000 等相同或不同光纤活动连接器间的转换，从而实现光纤两个端面的精密对接，以使发射光纤输出的光能量可以最大限度地耦合到接收光纤中去。光纤适配器广泛应用于 ODF、光纤通信设备和仪器中。适用的光纤连接器型号有 FC、SC、ST、LC 等，适用的光纤连接器端面有 PC、UPC、APC 等，如图 46 所示。

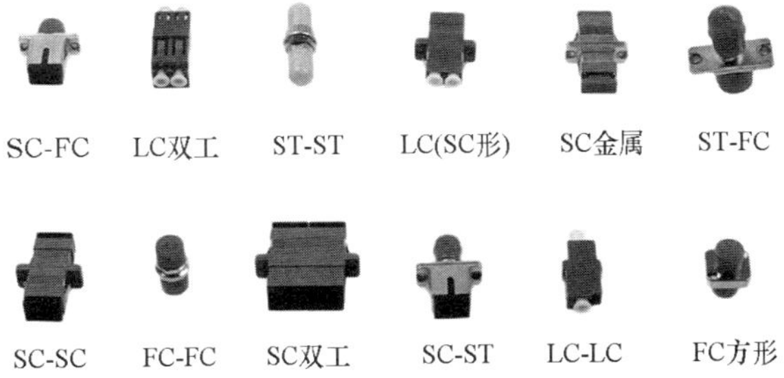

图 46　光纤适配器

25 法兰式衰减器

法兰式衰减器又称为适配器型衰减器，是一种能降低光信号能量的光无源器件，主要用于光纤系统的指标测量、短距离通信系统的信号衰减以及系统试验等场合。法兰式衰减器的外形与普通适配器一样，其原理是在适配器内部装配了衰减片使连接器相互连接时不完全接触，从而达到衰减目的，如图 47 所示。法兰式衰减器适用于光纤链路中跳线之间的衰减连接，主要类型有 FC、LC、SC、ST 等。衰减值一般有 1 dB、3 dB、5 dB、7 dB、10 dB、15 dB、20 dB 七种，适合 1 250 ~1 650nm 的区间波长。

图 47　法兰式衰减器

26 阴阳式衰减器

阴阳式衰减器是一种一端为连接器型，另一端为适配器型的衰减器，主要应用于需要在光链路中对光功率大小进行衰减，同时又需要节省空间的配线架或设备中，从而得到需要的目标光功率值。阴阳式衰减器通常串接在光模块和光纤跳线接头间，如图 48 所示。

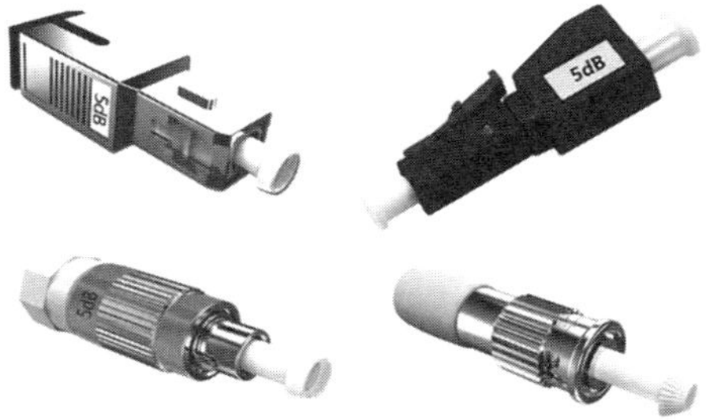

图 48 阴阳式衰减器

27 光纤跳线

光纤跳线是指光纤或光缆两端安装有光纤活动连接器的光连接线，通常用于配线设备内或光设备间的光纤跳接或转接，长度通常不超过 10 m，如图 49 所示。常用的光纤跳线有：FC 型光纤跳线、SC 型光纤跳线、LC 型光纤跳线等。

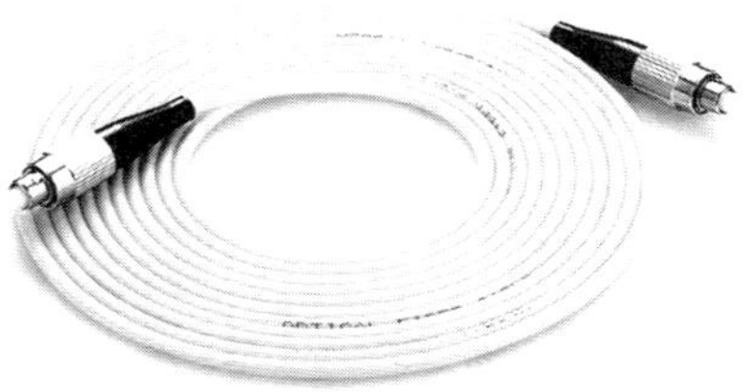

图 49　光纤跳线

28　光纤尾纤

光纤尾纤又称为猪尾线，是指一端安装有光纤活动连接器，另一端为光纤或光缆的光连接线。将一条光纤跳线一分为二，就成为两条光纤尾纤，光纤尾纤通常用于光路的终端（如终端点对实际中的测试结果盒、配线设备中的熔接盘等），或者光器件的引出（如光分路器、激光器、探测器等）。尾纤长度通常不超过 2 m，如图 50 所示。

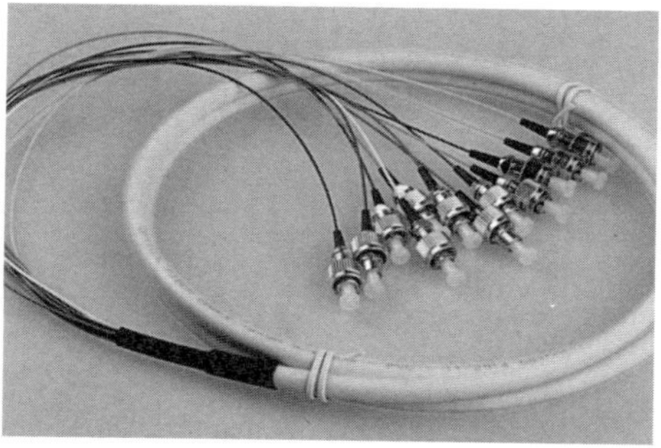

图 50　光纤尾纤

29　同轴电缆

同轴电缆由一根空心的外圆柱导体和一根位于中心轴线的内导线组成，内导线和圆柱导体及外界之间用绝缘材料隔开，如图 51 所示。两个导体同轴布置，传输信号完全限制在外导体内，外导体接地作为屏蔽层传输线，从而保证其屏蔽性能好、传输损耗低、抗干扰性强、使用频带宽，常被用于频率较高的信号传输。传输系统中同轴电缆常用于交换机中继模块与 DDF 的连接、光网络设备的电接口与 DDF 的连接、适配器与 DDF 的连接等。常见的有 75 Ω 的 2M/45M/155M 中继线，均采用同轴电缆。在 DDF 侧的同轴电缆常用的同轴连接器为L9（俗称西门子同轴头），具有螺纹锁定结构；适配器接口常用BNC接口，为卡口形式。

图51　同轴电缆

30　色散补偿模块

在光纤通信系统中，光信号在线路中传输一定距离后，会由于正色散的累积而造成光信号脉冲展宽，严重影响系统传输性能。色散补偿模块（DCM）是一种用于补偿传输媒介中产生的色散的设备或装置，如图52所示。目前，商用的光学DCM中，常用的是色散补偿光纤。色散补偿光纤是一种特制的光纤，其色散值为负值，恰好与G.652光纤相反。工程中往往利用色散补偿光纤本身具有的负色散来抵消传输光纤的正色散，压缩输入的光脉冲信号，使输出的光信号得到恢复。由于其色散系数较大，因而只需很短的一截即可使总链路色散值接近于零。DCM 可以在三个位置进行色散补偿：一是信号进入光纤前补偿，称为预补偿；二是线路补偿，补偿 OLA 站点前后的复用段色散；三是后补偿，补偿最后跨段的色散，调整整个复用段的色散。采用色散补偿光纤进行色散补偿是一种无源补偿方式，简单易行，但色散补偿带来的损耗需要使用光放大器来补偿。

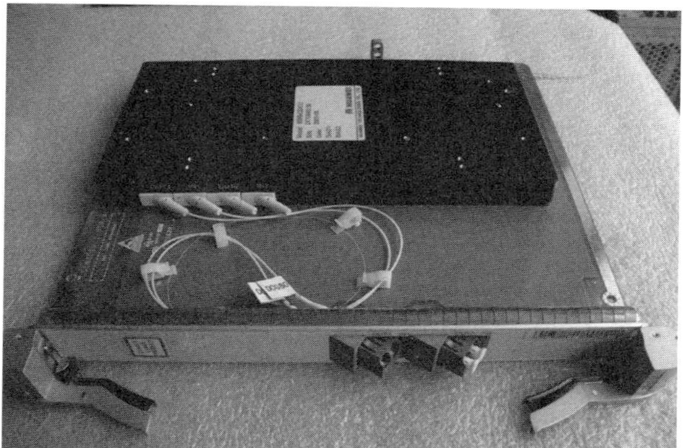

图 52　色散补偿模块

31 拉曼光纤放大器

拉曼光纤放大器（RFA）是利用强激光在光纤中传输时的受激拉曼散射效应来工作的，如图 53 所示。RFA 的优点如下：一是超宽带，可以实现全波长放大；二是噪声指数低，可以降低系统噪声系数，增加无中继距离；三是可以实现长距离传输和远程泵浦，特别适合海底、沙漠光缆通信等不方便设立中继器的场合。但其缺点是增益不高，一般都小于 15 dB；泵浦效率较低，一般只有 10% ~20%。RFA 在提升系统容量、拓展频谱利用率、提高传输系统速率、增加无中继传输距离和降低色散补偿光纤的损耗等方面具有极大的优势，因而具有广阔的应用前景。

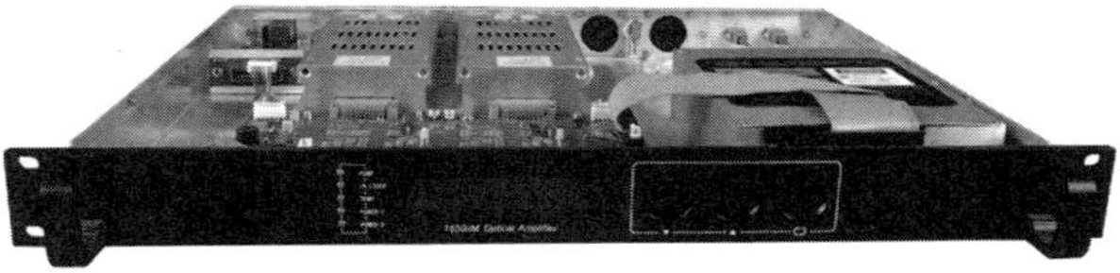

图 53 拉曼光纤放大器

32 掺铒光纤放大器

掺铒光纤放大器（EDFA）是一种将光信号进行放大的设备，主要被用来补偿因器件和线路引入的损耗，以便使光信号进行更长距离的传输，如图54所示。铒（Er）是一种稀土元素，将它注入纤芯中，形成一种特殊光纤，即掺铒光纤，它是EDFA的核心，在泵浦光的作用下可直接对某一波长的光信号进行放大。

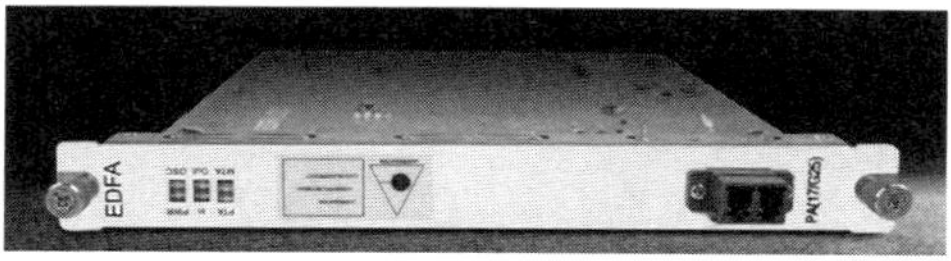

图54 掺铒光纤放大器

EDFA的优点包括工作波长与光纤的最小损耗窗口一致、需要的泵浦功率低、增益低且噪声低、连接损耗小，这些为EDFA的广泛应用提供了有力的支撑。实际上，EDFA既可以置于合波器之后作为功率放大器使用，对合波以后的多个波长信号进行功率提升，然后进行传输；也可以用作线路放大器，周期性地补偿线路传输损耗；还可以置于分波器之前，用作前置放大器放大信号，提高接收机的灵敏度。

3 测试题

1　脉冲编码调制

1. PCM 通过________步骤将连续变化的模拟信号转换为数字编码。

A. 抽样　B. 量化　C. 编码　D. 复用

2. PCM 有________两个标准。

A. E1　B. T1　C. B1　D. F1

3. 中国采用的是________的 E1 标准。

A. 欧洲　B. 北美

C. 日本　D. 加拿大

4. E1 的速率是________。

A. 64 kbit/s　B. 2.048 Mbit/s

C. 1.544 Mbit/s　D. 2.112 Mbit/s

5. E1 帧结构中有________时隙。

A. 30　B. 31　C. 32　D. 33

6. E1 帧结构中________为帧同步码。

A. TS0　B. TS1　C. TS15　D. TS16

7. E1 帧结构中________为信令时隙。

A. TS0　B. TS1　C. TS15　D. TS16

2 准同步数字体制

1. 以下不属于我国 PDH 速率体系的是________。

A. 140 Mbit/s　　B. 8 Mbit/s

C. 34 Mbit/s　　D. 45 Mbit/s

2. 以下属于我国 PDH 速率体系的是________。

A. 2 Mbit/s　　B. 8 Mbit/s

C. 34 Mbit/s　　D. 140 Mbit/s

3. PDH 的基群有两种，分别是________。

A. PCM30/32 路系统

B. PCM30/31 路系统

C. PCM24 路系统

D. PCM28 路系统

4. 北美和日本采用的是________。

A. PCM30/32 路系统

B. PCM30/31 路系统

C. PCM24 路系统

D. PCM28 路系统

5. 欧洲采用的是________。

A. PCM30/32 路系统

B. PCM30/31 路系统

C. PCM24 路系统

D. PCM28 路系统

6. PDH 将多路 64 kbit/s 数字信号以______为单位进行间插复用，复接成一定速率的基群信号。

A. 比特　B. 字节　C. 帧　D. 复帧

3　同步数字体系

1. 能够进行同步传输、对信号进行网络管理、网络具有自愈能力的传输体制是________。

A. SDH　B. PDH　C. PCM　D. 其他

2. 以下关于 PDH 和 SDH 描述中错误的是________。

A. PDH 可以提供比 SDH 更强大的 OAM 功能

B. SDH 有规范的光接口，PDH 没有全球统一的光接口标准

C. SDH 设备只能用于点到点的传输

D. SDH 可以提供更强大的网络健壮性

4 多业务传送平台

1. MSTP 可以实现________业务的接入、处理和传送。

A. TDM　　　　B. 以太网

C. ATM　　　　D. 语音

2. MSTP 的关键技术主要包括________。

A. 指针调整

B. 虚级联

C. 通用成帧规程

D. 链路容量调整机制

5 自动交换光网络

1. ASON 是将________融合在一起，自动实现网络连接。

A. SDH 技术　　　　B. IP 技术

C. DWDM 技术　　　　D. 网络控制技术

2. 下一代的光网络指的是________。

A. SDH　　　　B. DWDM

C. OTN　　　　D. ASON

6　SDH 速率等级

1. 对于 STM－N 同步传送模块，N 的取值为________。

A. 1，2，3，5　　B. 1，2，4，8

C. 1，4，8，16　　D. 1，4，16，64

2. STM－64 信号的标准速率为________kbit/s。

A. 155 520　　B. 622 080

C. 2 488 320　　D. 9 953 280

3. 以下不属于 SDH 等级的是________。

A. 155 Mbit/s　　B. 2 Mbit/s

C. 2.5 Gbit/s　　D. 622 Mbit/s

4. SDH 中最基本的同步传送模块是________。

A. E1　　B. STM－1

C. T1　　D. STM－N

5. STM－N 是 N 个 STM－1 按同步复用，经________形成。

A. 比特间插　　B. 字节间插

C. 帧间插　　D. 复帧间插

7 SDH 帧结构

1. STM－4 帧的帧频为________。

A. 2 kHz　　B. 8 kHz

C. 16 kHz　　D. 64 kHz

2. STM－16 帧结构包含 9 行和________列字节的矩形块状结构。

A. 180　　B. 270

C. 4 320　　D. 1 080

3. POH 位于 SDH 帧结构的________区域。

A. 再生段开销　　B. 管理单元指针

C. 复用段开销　　D. 信息净负荷

4. SDH 为矩形块状帧结构，包括________等区域。

A. 再生段开销　　B. 复用段开销

C. 管理单元指针　　D. 信息净负荷

5. SDH 帧结构中，下列位于净负荷区的是________。

A. 复用段开销　　B. 再生段开销

C. 高阶通道开销　　D. 低阶通道开销

6. 传输 STM－4 一帧的周期是________。

A. 125 μs　　B. 250 μs

C. 500 μs　　D. 1 000 μs

7. 少量用于通道性能监控的通道开销字节存放于________中。

A. 再生段开销　　B. 复用段开销

C. 管理单元指针　　D. 信息净负荷

8. STM－N 在系统中传输时，按________的规律逐字节进行传输。

A. 自左至右　　B. 从右到左

C. 自上至下　　D. 自下至上

8　SDH 映射复用

1. SDH 映射复用结构中的虚容器是由容器加上________构成的，可分成低阶 VC 和高阶 VC 两种。

A. 复用段开销　　B. 通道开销

C. 同步开销　　D. 校验字节

2. C－4 对应的 PDH 速率是________。

A. 2.048 Mbit/s　　B. 8.448 Mbit/s

C. 34.368 Mbit/s　　D. 139.264 Mbit/s

3. PDH 的二次群 8Mbit/s 信号采用容器________装载。

A. C－12　　B. C－2

C. C－3　　D. 无对应

4. 一个 STM－64 码流最大可以由________

个 STM－1 码流复用而成。

A. 1　　B. 4　　C. 16　　D. 64

5. 一个 STM－16 码流最大可以包含______个 VC－12。

A. 63　　B. 64　　C. 252　　D. 1 008

6. SDH 基本映射复用包括________步骤。

A. 映射　　B. 分解　　C. 定位　　D. 复用

7. 下列描述正确的是________。

A. 1.544 Mbit/s 速率对应的容器是 C－12

B. 2.048 Mbit/s 速率对应的容器是 C－12

C. 34.368 Mbit/s 速率对应的容器是 C－3

D. 139.264 Mbit/s 速率对应的容器是 C－4

8. 下列描述正确的是________。

A. STM－1 可以容纳 63 个 VC－12

B. STM－4 可以容纳 4 个 VC－4

C. STM－16 可以容纳 16 个 STM－1 支路

D. STM－64 可以容纳 64 个 VC－4

9. 一个 AU－4 包含________个 VC－4 时隙，可以容纳________个 34M 信号。

A. 1，3　　B. 1，1　　C. 3，1　　D. 3，3

10. SDH 设备中 VC－4 可解复用成________个 VC－12。

A. 61　　B. 62　　C. 63　　D. 64

9 网络自愈

1. 网络自愈是指在网络发生故障时，无须人为干预，网络自动地在极短的时间内，使业务自动从故障中恢复传输。ITU－T 规定的保护倒换时间为________以内。

A. 10 ms　　B. 20 ms

C. 50 ms　　D. 100 ms

2. 传送网中网络自愈是通过________来实现的。

A. 网络保护　　B. 网络恢复

C. 网管命令　　D. 手工跳纤

3. 网络保护是一种________的保护方式。

A. 静态

B. 动态

C. 既是静态又是动态

D. 既不是静态又不是动态

4. 网络恢复是一种________的保护方式。

A. 静态

B. 动态

C. 既是静态又是动态

D. 既不是静态又不是动态

10 SDH保护

1. SDH保护可以分为________。

A. 路径保护　　B. 子网连接保护

C. 智能保护　　D. 网络恢复

2. 路径保护包括________。

A. 复用段保护　　B. 子网连接保护

C. 通道保护　　D. 智能保护

3. 对于线形网络通常采用________。

A. 复用段保护　　B. 子网连接保护

C. 通道保护　　D. 智能保护

4. SDH环形网络保护包括________。

A. 二纤双向复用段保护环

B. 四纤双向复用段保护环

C. 二纤单向复用段保护环

D. 二纤单向通道保护环

5. 子网连接保护是一种采用________方式的保护。

A. 1+1　　B. 1:1

C. 单端倒换　　D. 双端倒换

6. 具有“双发选收”特点的是________。

A. 二纤双向复用段保护环

B. 子网连接保护

C. 二纤单向复用段保护环

D. 四纤单向通道保护环

11　ASON 体系结构

1. ASON 体系结构涉及________几个部分。

A. 传送平面　　B. 控制平面

C. 管理平面　　D. 用户平面

2. ASON 的关键之处在于相比传统的传送网络而言，增加了一个________。

A. 传送平面　　B. 控制平面

C. 管理平面　　D. 用户平面

3. SDH 具有________。

A. 传送平面　　B. 控制平面

C. 管理平面　　D. 用户平面

12　链路管理协议

1. ASON 控制平面的协议主要有________。

A. LMP　　B. OSPF 协议

C. RSVP　　D. IP

2. LMP 的功能包括________。

A. 邻居发现　　B. 链路参数交互

C. 控制通道管理　　　　D. 链路故障定位

3. ASON 中用于自动识别连接、端口以及业务等信息的协议是________。

A. LMP　　　　B. OSPF 协议

C. RSVP　　　　D. IP

13　开放最短路径优先协议

1. ASON 中在全网范围内为端到端连接计算和选择合适路径的协议是________。

A. LMP　　　　B. OSPF 协议

C. RSVP　　　　D. IP

14　资源预留协议

1. ASON 控制平面的基本功能主要有________。

A. 管理功能　　　　B. 传送功能

C. 路由功能　　　　D. 信令功能

2. ASON 中用于对自动呼叫与连接过程的控制和网络资源选择的协议是________。

A. LMP　　　　B. OSPF 协议

C. RSVP　　　　D. IP

15 G.821 建议

1. ________不是 G.821 中规定的误码性能参数。

A. 误码秒比（ESR）

B. 严重误码秒比（SESR）

C. 背景误块比（BBER）

D. 时延（S）

2. G.821 建议是以________事件为基础的规范。

A. 比特差错　　B. 字节差错

C. 块差错　　D. 帧差错

3. G.821 定义了________误码性能事件。

A. 误块　　B. 误码秒

C. 背景误块　　D. 严重误码秒

4. 如果在 1s 时间周期内的误码率为______，那么这 1s 就是严重误码秒。

A. BER$\geqslant 10^{-3}$　　B. BER$\geqslant 10^{-6}$

C. BER$\geqslant 10^{-9}$　　D. BER$\geqslant 10^{-12}$

5. 下面描述正确的是________。

A. 严重误码秒也是误码秒

B. 可用时间内有可能包含严重误码秒

C. 不可用时间内有可能包含非严重误码秒

D. 不可用时间内有可能包含无误码秒

16　G. 826 建议

1. ________是 G. 826 中规定的误码性能参数。

A. 误块秒比（ESR）

B. 严重误块秒比（SESR）

C. 背景误块比（BBER）

D. 时延（S）

2. G. 826 建议是以________事件为基础的规范。

A. 比特差错　　B. 字节差错

C. 块差错　　D. 帧差错

3. G. 826 定义了________误码性事件。

A. 误块　　B. 误块秒

C. 背景误块　　D. 严重误块秒

4. 如果在 1s 中误块符合________条件，则这 1s 就是严重误块秒。

A. 比例≥30%

B. 比例≥40%

C. 至少有一个异常

D. 至少有一个缺陷

5. 背景误块是指在测量时间内所有的块扣

除________后所剩下的误块。

A. 不可用时间内所有的块

B. 可用时间内所有的块

C. 严重误块秒期间出现的误块

D. 非严重误块秒期间出现的误块

17 光接口应用类型代码

1. 光接口应用类型代码中 I 表示________。

A. 互连距离小于 2 km 的局内通信

B. 互连距离近似 15 km 的短距离局间通信

C. 互连距离在 1 310 nm 窗口近似 40 km 的长距离局间通信

D. 互连距离在 1 550 nm 窗口近似 80 km 的长距离局间通信

2. 光接口应用类型代码中 S 表示________。

A. 互连距离小于 2 km 的局内通信

B. 互连距离近似 15 km 的短距离局间通信

C. 互连距离在 1 310 nm 窗口近似 40 km 的长距离局间通信

D. 互连距离在 1 550 nm 窗口近似 80 km 的长距离局间通信

3. 光接口应用类型代码中 L 表示________。

A. 互连距离小于 2 km 的局内通信

B. 互连距离近似 15 km 的短距离局间通信

C. 互连距离在 1 310 nm 窗口近似 40 km 的长距离局间通信

D. 互连距离在 1 550 nm 窗口近似 80 km 的长距离局间通信

4. 光接口应用类型代码中 STM 等级 4 表示设备的传输速率为________。

A. 155 Mbit/s　　B. 622 Mbit/s

C. 2.5 Gbit/s　　D. 10 Gbit/s

5. 光接口应用类型代码中尾标数 1 表示________。

A. 标称工作波长为 1 310 nm，所用光纤为 G.652 光纤

B. 标称工作波长为 1 310 nm，所用光纤为 G.653 光纤

C. 标称工作波长为 1 550 nm，所用光纤为 G.652 光纤

D. 标称工作波长为 1 550 nm，所用光纤为 G.653 光纤

6. 光接口应用类型代码中尾标数 2 表示________。

A. 标称工作波长为 1 310 nm，所用光纤为 G.652 光纤

B. 标称工作波长为 1 310 nm，所用光纤为 G.653 光纤

C. 标称工作波长为 1 550 nm，所用光纤为 G. 652 光纤

D. 标称工作波长为 1 550 nm，所用光纤为 G. 653 光纤

7. 光接口应用类型代码中尾标数 3 表示________。

A. 标称工作波长为 1 310 nm，所用光纤为 G. 652 光纤

B. 标称工作波长为 1 310 nm，所用光纤为 G. 653 光纤

C. 标称工作波长为 1 550 nm，所用光纤为 G. 652 光纤

D. 标称工作波长为 1 550 nm，所用光纤为 G. 653 光纤

8. L－16. 2 表示________。

A. 设备的传输速率为 2. 5 Gbit/s

B. 标称工作波长为 1 550 nm，所用光纤为 G. 652 光纤

C. 互连距离近似 40 km 的长距离局间通信

D. 互连距离近似 80 km 的长距离局间通信

18　波分复用

1. WDM 的中文名称是________。

2. WDM 常用的复用方式有________。

A. 1 310 nm 和 1 550 nm 波长的波分复用

B. 稀疏波分复用

C. 密集波分复用

3. WDM 系统中信号的处理过程包括________。

A. 发送端将多种不同波长的光载波信号经复用器汇合在一起

B. 复用的光信号耦合进同一根光纤中传输

C. 接收端经解复用器将各种波长的光载波分离

D. 分离的光波长信号被接收机恢复成原信号

19 WDM 系统构成

1. 一般来说，WDM 系统主要由________组成。

A. 光发射机　　B. 光中继放大

C. 光接收机　　D. 光监控信道

E. 网络管理系统

2. WDM 系统中，光发射机主要完成________功能。

A. 波长转换　　B. 合波

C. 放大　　D. 插入光监控信号

3. WDM 系统中，光接收机主要完成______功能。

A. 分出光监控信号　　B. 放大

C. 分波　　D. 波长转换

4. WDM 系统中，光监控信号的波长为________。

A. 850 nm　　B. 310 nm

C. 1 550 nm　　D. 1 510 nm

5. 网络管理系统具有________等功能。

A. 配置管理　　B. 故障管理

C. 性能管理　　D. 安全管理

20　光传送网

1. OTN 的中文名称是________。

2. OTN 技术的优势包括________。

A. 支持客户信号的透明传送

B. 支持多层嵌套的串联连接监视（TCM）功能

C. 具有前向纠错（FEC）支持能力

D. 将 SDH 强大完善的 OAM 理念和功能移植到了 WDM 光网络

21 OTN 帧结构

1. OTN 帧为________状帧结构。

2. OTN 帧为________行________列。

3. OTN 帧包括________。

A. 帧定位开销　　B. OTUk 开销

C. ODUk 开销　　D. OPUk 开销

E. OPUk 载荷　　F. OTUk FEC 开销

4. 与 SDH/SONET 125 μs 帧周期不同，随着线路速率的提高，OTN 帧的结构和长度______，不同速率等级 OTN 的帧周期________。

22 OTN 速率等级

1. OTUk 速率的计算公式为________。

A. 255/（239－k）×STM－N 帧速率

B. 239/（239－k）×STM－N 帧速率

C. 238/（239－k）×STM－N 帧速率

2. ODUk 速率的计算公式为________。

A. 255/（239－k）×STM－N 帧速率

B. 239/（239－k）×STM－N 帧速率

C. 238/（239－k）×STM－N 帧速率

3. OPUk速率的计算公式为________。

A. 255/（239－k）×STM－N帧速率

B. 239/（239－k）×STM－N帧速率

C. 238/（239－k）×STM－N帧速率

23 OTN映射复用

1. OPU是________。

A. 光通道净荷单元

B. 光通道数据单元

C. 光通道传送单元

2. ODU是________。

A. 光通道净荷单元

B. 光通道数据单元

C. 光通道传送单元

3. OTU是________。

A. 光通道净荷单元

B. 光通道数据单元

C. 光通道传送单元

4. OTN映射复用中客户信号需要映射到________。

A. OPU　　B. ODU

C. VC　　D. OUT

5. 在OTN映射复用中，如果ODUk直接通过某个波长传输，那么就可以直接加上______，形成光通道传送单元 OTU*k*，再调制到某个光波长上，经过波分复用后传输。

A. OTU*k* 开销　　B. 帧定位开销

C. OTU*k* FEC 开销　　D. OPU*k*

6. 在 OTN 映射复用中，如果 ODU1 不直接通过一个波长来传输，则可以通过时分复用后形成________，再送到相应等级的 OPU*k* 中来传输，OPU*k* 可映射到 ODU*k*、OTU*k* 中，并加载到某一光波长上，经波分复用后传输。

A. ODTUG2 或 ODTUG3

B. OTU1

C. OPU1

24　OTN 保护

1. OTN 保护包括________。

A. 设备级保护　　B. 网络级保护

2. ________保护发生在互为保护的设备（单板）之间，防止当单板出现故障时发生业务中断。

A. 设备级保护　　B. 网络级保护

3. 设备级保护主要通过________等方式提供保护。

A. 电源备份　　B. 风扇冗余

C. 交叉板备份

4. 网络级保护按照保护层级分为________。

A. 电层保护　　B. 光层保护

5. OTN 电层保护对象为________。

A. 光波长　　B. ODUk

C. OPUk　　D. OTUk

6. OTN 光层保护包括________。

A. 光通道层保护　　B. 光复用段层保护

C. 光传输段层保护

7. OTN 光层保护中，________的保护颗粒度最小。

A. 光通道层保护　　B. 光复用段层保护

C. 光传输段层保护

8. OTN 光通道层保护主要实现________的保护。

A. 业务端到端　　B. 复用段合波信号

C. 光缆线路

9. OTN 光复用段层保护主要实现________的保护。

A. 业务端到端　　B. 复用段合波信号

C. 光缆线路

10. OTN 光传输段层保护主要实现________的保护。

A. 业务端到端　　B. 复用段合波信号

C. 光缆线路

25 固定光分插复用设备

1. FOADM 的中文名称是____________。

2. FOADM 设备可实现__________。

A. 上路指定波长的信道

B. 下路指定波长的信道

C. 动态调整上路和下路的信道

3. FOADM 设备的缺点是__________。

A. 上下的波长都是基于规划分配的，波长变更比较麻烦

B. 不能动态地调整上路和下路的信道

C. 波长业务出现调整、扩容时需要运维人员赴现场支持

D. 不能满足网络的弹性需求

E. 无法实现波长的上路、下路和穿通

26 可重构光分插复用器

1. ROADM 的中文名称是__________。

2. __________设备可根据需要任意指配上下业务的波长，实现业务的灵活调度。

A. FOADM　　　B. ROADM
C. OTM　　　D. OLA

3. ROADM 设备通过________可从合波信号中分出任意单波或合波信号，或完成逆过程，从而实现光波长多个维度的动态调整。

A. 合波器　　　B. 分波器
C. 光波长选择开关　　　D. 人工跳纤

4. 网络节点采用________设备后，网管系统可以控制某个波长通过该节点或者从本地端口下路，因此业务指配更快捷、处理更自动化、网络规划和施工更简化，网络监控能力和网络扩展能力更为强大。

A. FOADM　　　B. ROADM
C. OTM　　　D. OLA

27　分组传送网

1. PTN 的中文名称是________。

2. PTN 是在________和底层________之间设计的传送层。

28　软件定义网络

1. SDN 的中文名称是________。

2. SDN 的思想是通过________和________分离，将网络中交换设备的控制逻辑集中到一个计算设备上。

3. SDN 整体架构由下到上分为三个平面，分别是________。

A. 数据平面　　B. 控制平面

C. 应用平面　　D. 传送平面

4. SDN 各个网络设备间通过不同规则形成的 SDN ________通路连接。

5. 控制平面掌握着全局网络信息，其主要作用是集中管理网络资源，并提供灵活的网络流量调度和控制能力，其中________是核心部件，也是整个 SDN 体系结构中的逻辑中心。

29　光纤色散

1. 色散是各种频率的光在同一种介质中具有不同________造成的。

2. 光纤中的色散会造成光脉冲________。

30 光纤损耗

1. 光纤损耗大致可以分为________和________。

2. ________是由光纤本身的特征引起的。

A. 固有损耗　　B. 附加损耗

3. ________是在光纤的使用过程中人为造成的。

A. 固有损耗　　B. 附加损耗

4. 光纤在三个波长范围内损耗较小，这三个波段分别是________波长附近。

A. 850 nm　　B. 1 310 nm

C. 1 550 nm　　D. 1 880 nm

31 华为 OptiX OSN 3500

1. OptiX OSN 3500 设备是________公司开发的新一代智能光传输设备。

A. 华为　　B. 中兴

C. 烽火　　D. 华环

2. OptiX OSN 3500 子架可以分为________。

A. 出线板区　　B. 风扇区

C. 插板区　　　　　　D. 走纤区

3. OptiX OSN 3500 设备主要有________等类型的单板。

A. 光线路板

B. 业务处理板

C. 交叉时钟板

D. 系统控制与通信板

E. 系统辅助接口板

4. OptiX OSN 3500 设备的 SL16 为________。

A. 光线路板

B. 业务处理板

C. 交叉时钟板

D. 系统控制与通信板

E. 系统辅助接口板

5. OptiX OSN 3500 设备的 PQ1 为________。

A. 光线路板

B. 业务处理板

C. 交叉时钟板

D. 系统控制与通信板

E. 系统辅助接口板

6. OptiX OSN 3500 设备的 EFS4 为________。

A. 光线路板

B. 以太网交换处理板

C. 交叉时钟板

D. 系统控制与通信板

E. 系统辅助接口板

7. OptiX OSN 3500 设备的 GXCSA 为__________。

A. 光线路板

B. 业务处理板

C. 交叉时钟板

D. 系统控制与通信板

E. 系统辅助接口板

8. OptiX OSN 3500 设备的 SCC 为________。

A. 光线路板

B. 业务处理板

C. 交叉时钟板

D. 系统控制与通信板

E. 系统辅助接口板

9. OptiX OSN 3500 设备的 AUX 为________。

A. 光线路板

B. 业务处理板

C. 交叉时钟板

D. 系统控制与通信板

E. 系统辅助接口板

10. OptiX OSN 3500 设备的系统辅助接口板可以提供________等各种维护和管理接口。

A. 公务电话

B. 网管

C. 时钟输入

D. 时钟输出

32 中兴 S385

1. S385 设备是________公司开发的新一代智能光传输设备。

A. 华为 B. 中兴 C. 烽火 D. 华环

2. S385 设备主要有________等类型的单板。

A. 光线路板 B. 业务处理板

C. 交叉时钟板 D. 网元控制板

E. 公务板

3. S385 设备的 OL64 为________。

A. 光线路板 B. 业务处理板

C. 交叉时钟板 D. 网元控制板

E. 公务板

4. S385 设备的 EPE1 为________。

A. 光线路板 B. 业务处理板

C. 交叉时钟板 D. 网元控制板

E. 公务板

5. S385 设备的 CS 为________。

A. 光线路板 B. 业务处理板

C. 交叉时钟板 D. 网元控制板

E. 公务板

6. S385 设备的 NCP 为________。

A. 光线路板　　B. 业务处理板

C. 交叉时钟板　　D. 网元控制板

E. 公务板

7. S385 设备的 OW 为________。

A. 光线路板　　B. 业务处理板

C. 交叉时钟板　　D. 网元控制板

E. 公务板

8. S385 设备的 Qx 接口板可以提供________等接口。

A. 电源　　B. 告警指示单元

C. 辅助用户数据　　D. 网管

33　光纤配线架

1. 当引入光缆进入机架时，其弯曲半径应不小于光缆直径的________倍。

A. 15　　B. 20　　C. 30　　D. 45

2. 光纤配线架中纤芯、尾纤无论处于何处弯曲时，其曲率半径应不小于________mm。

A. 15　　B. 20　　C. 30　　D. 45

3. 光纤配线架的机架结构有________。

A. 封闭式　　B. 半封闭式

C. 敞开式　　D. 挂接式

4. 光纤配线架的主要功能有________。

A. 光缆固定功能　　B. 光纤终接功能

C. 调线功能　　D. 光纤存储功能

34　数字配线架

1. 数字配线架端子的接口阻抗为______Ω。

A. 50　　B. 75　　C. 100　　D. 120

2. 数字配线架可以分为________。

A. 8 系统　　B. 10 系统

C. 16 系统　　D. 20 系统

35　华为 OptiX OSN 8800

1. 华为 OptiX OSN 8800 产品可实现______功能。

A. 光电混合交叉

B. 动态光层调度

C. 灵活电层调度

D. 多业务接入

E. 设备级保护和网络级保护

2. 华为 OptiX OSN 8800 产品包含________。

A. OptiX OSN 8800 T64

B. OptiX OSN 8800 T32

C. OptiX OSN 8800 T16

D. OptiX OSN 8800 平台子架

36 中兴 ZXMP M800

1. 中兴 ZXMP M800 设备的特点包括________。

A. 适合 20 km、40 km、80 km 等多种跨距组网

B. 可接入包括 STM－N、GE、10GE 等多种格式的光信号

C. 设备可配置为 OTM、OLA、OADM 等网络节点

D. 提供设备级和网络级保护

37 烽火 FONST 6000

1. 烽火 FONST 6000 设备可实现________功能。

A. 支持 ODU、VC、PKT 等多种类型业务颗粒集中交换和统一调度

B. 支持 100Mbit/s～100Gbit/s 速率和协议

的业务接入

C. 提供设备级保护和光、电两层网络级保护

D. 可灵活配置为 OTM、OLA、FOADM 和 ROADM 等网络节点

2. 烽火 FONST 6000 产品由________三个平面组成。

A. 传送平面　　B. 管理平面

C. 控制平面　　C. 数据平面

38　DD942

1. DD942 系列 2M 误码测试仪具备________等功能。

A. 在线误码监测

B. 离线误码测试

C. 话路监听

D. 误码和告警插入

2. DD942 系列 2M 误码测试仪提供的帧结构主要有________。

A. 无帧　　B. PCM30

C. PCM31　　D. PCM32

39 ANT－20

1. ANT－20 可以用于________等测试项目。

A. 误码　B. 开销　C. 抖动　D. 漂移

2. ANT－20 提供 APS 倒换时间的测试和时延测试，精度可达________。

A. 1 ms　B. 1 μs　C. 1 s　D. 10 ms

3. ANT－20 可以提供的 SDH 接口包括________。

A. STM－1 电/光口　B. STM－4 光口

C. STM－16 光口　D. 140Mbit/s 接口。

4. ANT－20 提供稳定度为________的内部时钟。

A. $\pm 20 \times 10^{-6}$　B. $\pm 2 \times 10^{-6}$

C. $\pm 0.2 \times 10^{-6}$　D. $\pm 200 \times 10^{-6}$

40 光功率计

1. 光通信测量中的常用光功率单位为________。

A. mW　B. dBm　C. J　D. mA

2. 20mW 对应________dBm。

A. 10　B. 13　C. 17　D. 20

3. 17dBm 对应________mW。

A. 10　　B. 20　　C. 50　　D. 100

41　光时域反射仪

1. 光时域反射仪的原理是利用光脉冲的________进行测量。

A. 后向散射　　B. 全反射

C. 耦合　　D. 菲涅尔反射

2. ________决定了 OTDR 可测光纤的距离。

A. 动态范围　　B. 测试时间

C. 脉冲宽度　　D. 波长

3. 下面错误的是________。

A. 光脉冲宽度越大，OTDR 的动态范围越大

B. 平均时间越长，OTDR 的动态范围越大

C. 盲区会随着脉冲宽度的增加而增大

D. 动态范围越大，所能到达的距离越短

4. 光纤中的盲区可以分为________。

A. 衰减盲区　　B. 色散盲区

C. 事件盲区　　D. 反射盲区

5. OTDR 在开始测试前需要设置________等参数。

A. 折射率　　B. 脉冲宽度

C. 平均时间　　D. 测量范围

42　3M 路由探测仪

1. 3M 路由探测仪具有________等功能。

A. 确定光（电）缆走向

B. 探测光（电）缆深度

C. 探测外皮故障

D. 探测光（电）缆长度

2. 3M 路由探测仪由________组成。

A. 发射器　　B. 接收器

C. 触地支架　　D. 电源适配器

3. 接收器的工作方式有________。

A. 峰值　　B. 反峰值

C. 差分值　　D. 特殊峰值

4. 2273E 探测仪的有源跟踪频率有________。

A. 577 Hz　　B. 8 kHz

C. 33 kHz　　D. 133 kHz

43　光纤熔接机

1. 光纤熔接机按照对准方式不同可分为

________。

A. 纤芯对准式　　　　B. 包层对准式

C. 保护层对准式　　　D. 涂覆层对准式

2. 在主干线路上进行光纤熔接，必须选择________光纤熔接机。

A. 二马达　　　　B. 四马达

C. 六马达　　　　D. 八马达

44　光谱分析仪

1. 光谱分析仪常用来测量________等参数。

A. 光谱

B. 各参考点通路信号光功率

C. 各参考点光信噪比

D. 光放大器各个波长的增益系数和增益平坦度

2. 性能优良的光谱分析仪必须具备________等优势，才能在实际测量中发挥更大的作用。

A. 高的光抑制比

B. 宽的功率动态范围

C. 大的波长测量范围

D. 小的分辨带宽

E. 模块化

45 ONT－30

1. ONT－30 仪表是一款能够用于________测试的通用测试仪表。

2. ONT－30 仪表测试可覆盖________波段。

A. C 波段　　B. L 波段

C. S 波段

46 ONT－600

1. ONT－600 仪表高速率光接口器件为________。

A. XFP 固定光器件

B. SFP 可插拔光器件

2. ONT－600 仪表低速率光接口器件为________。

A. XFP 固定光器件

B. SFP 可插拔光器件

3. ONT－600 将各种测试模块组合使用实现多种测试功能，包括________。

A. OTN OTU2/OTU1 测试功能

B. 所有的 ODU 复用功能

C. GFP 测试

D. GE 和 10GE LAN 测试

E. SDH/SONET 测试以及抖动和漂移测试等

47 光纤

1. 一根实用的光纤是由________构成。

A. 纤芯　B. 包层　C. 涂覆层　D. 护层

2. 下面说法正确的是________。

A. 为了使光波在纤芯中传输，包层的折射率必须等于纤芯的折射率

B. 为了使光波在纤芯中传输，包层的折射率必须大于纤芯的折射率

C. 为了使光波在纤芯中传输，包层的折射率必须小于纤芯的折射率

D. 为了使光波在纤芯中传输，包层的折射率必须大于涂覆层的折射率

3. 由________组成的光纤称为裸纤。

A. 纤芯　B. 包层

C. 一次涂覆层　D. 二次涂覆层

4. 由________组成的光纤称为素纤。

A. 纤芯　B. 包层

C. 一次涂覆层　D. 二次涂覆层

5. 通信用多模光纤纤芯的标称直径为________。

A. 50 μm　　B. 62.5 μm

C. 125 μm　　D. 250 μm

6. 通信用单模光纤纤芯的标称直径为________。

A. 8 ~ 12 μm　　B. 50 μm

C. 125 μm　　D. 250 μm

7. 包层的标称外径为________。

A. 8 ~ 12 μm　　B. 50 μm

C. 125 μm　　D. 250 μm

8. 经过一次涂覆后的光纤外径为________。

A. 8 ~ 12 μm　　B. 50 μm

C. 125 μm　　D. 250 μm

48　光缆

1. 光缆的种类很多，但是不论它的具体结构如何，都是由________组成。

A. 缆芯　　B. 护层

C. 套管　　D. 加强件

2. 光缆的基本结构大体上有________。

A. 层绞式　　B. 骨架式

C. 束管式　　D. 带状式

49 光纤活动连接器

1. 光纤活动连接器是指通过________的方式使两根光纤准确对准以达到光路联通的目的，从而实现光纤之间活动连接的________光器件。

2. 光纤活动连接器的类型包括________。

A. FC　　B. SC　　C. LC　　D. ST

E. MU　　F. MTP　　G. MPO

3. 光纤活动连接器可实现________。

A. 光纤与有源器件的连接

B. 光纤与其他无源器件的连接

C. 光纤与设备的连接

D. 光纤与仪表的连接

50 FC 型光纤活动连接器

1. FC 型光纤活动连接器最早是由________研制。

A. NTT 公司　　B. 朗讯公司

C. AT&T 公司

2. FC 型光纤活动连接器外部加强方式是________。

3. FC 型光纤活动连接器的紧固方式为__________。

4. FC 型光纤活动连接器的插针体采用外径为________的精密陶瓷插针。

A. 1.25 mm　　B. 2.5 mm

C. 5 mm

5. FC 型光纤活动连接器的端面多采用__________研磨方式。

A. 球面 PC　　B. 斜球面 APC

C. 超平面 UPC

51　SC 型光纤活动连接器

1. SC 型光纤活动连接器是由________研制。

A. NTT 公司　　B. 朗讯公司

C. AT&T 公司

2. SC 型光纤活动连接器的接头是________式________型接头。

3. SC 型光纤活动连接器的紧固方式是__________。

4. SC 型光纤活动连接器的插针体采用外径为________的精密陶瓷插针。

A. 1.25 mm　　B. 2.5 mm

C. 5 mm

5. SC 型光纤活动连接器的端面多采用________研磨方式。

A. 球面 PC　　B. 斜球面 APC

C. 超平面 UPC

6. SC 型光纤活动连接器的优点是________。

A. 不需要螺纹连接，直接插拔，操作空间小，便于密集安装

B. 抗压强度高

C. 耐高温

D. 不容易氧化

52　LC 型光纤活动连接器

1. LC 型光纤活动连接器是由________开发。

A. NTT 公司　　B. 朗讯公司

C. AT&T 公司

2. LC 型光纤活动连接器采用方便的模块化机理制成________。

3. LC 型光纤活动连接器的插针体采用外径为________的精密陶瓷插针。

A. 1. 25 mm　　B. 2. 5 mm

C. 5 mm

53　ST型光纤活动连接器

1. ST型光纤活动连接器是由________开发。

A. NTT公司　　B. 朗讯公司

C. AT&T公司

2. ST型光纤活动连接器的插针体是外径为________的精密陶瓷插针。

A. 1.25 mm　　B. 2.5 mm

C. 5 mm

3. ST型光纤活动连接器的端面多采用________研磨方式。

A. 球面PC　　B. 斜球面APC

C. 超平面UPC

4. ST型光纤活动连接器为带键的________式________结构。

54　光纤适配器

1. 光纤适配器又称________，两端可插入相同或不同接口类型的光纤连接器。

2. 光纤适配器适用的光纤连接器型号包括________。

A. FC　　B. SC　　C. ST　　D. LC

3. 光纤适配器适用的光纤连接器端面包括________。

A. 球面 PC　　B. 斜球面 APC

C. 超平面 UPC

55　法兰式衰减器

1. 法兰式衰减器又称为________型衰减器。

2. 法兰式衰减器是能降低光信号能量的光________器件。

A. 有源　　B. 无源

3. 法兰式衰减器是在适配器内部装配了________使连接器相互连接时不完全接触，从而达到衰减目的。

4. 法兰衰减器适用于光纤链路中________之间的衰减连接。

56　阴阳式衰减器

1. 阴阳式衰减器是一种一端为________型，另一端为________型的衰减器。

2. 阴阳式衰减器通常在________和光纤__

______接头间。

57　光纤跳线

1. 光纤跳线是指光纤或光缆两端安装有________的光连接线。

2. 常用的光纤跳线有________。

A. FC 型光纤跳线　　B. SC 型光纤跳线

C. LC 型光纤跳线

58　光纤尾纤

1. 光纤尾纤是指一端安装有________，另一端为光纤或光缆的光连接线。

59　同轴电缆

1. 同轴电缆常用于________间的连接。

A. 交换机中继模块与 DDF

B. 光网络设备的电接口与 DDF

C. 适配器与 DDF

D. 光网络设备的光接口与 DDF

2. 在 DDF 侧的同轴电缆常用的同轴连接器为________。

A. L9　　　　B. BNC

3. 同轴连接器 L9 为________结构。

A. 螺纹锁定　　　　B. 卡口

4. 同轴电缆使用在适配器接口常用的同轴连接器为________。

A. L9　　　　B. BNC

5. BNC 接口为________结构。

A. 螺纹锁定　　　　B. 卡口

60　色散补偿模块

1. DCM 的中文名称是________。

2. DCM 是一种用于补偿传输媒介中产生的________的设备或装置。

3. 商用的光学 DCM 中常用的是色散补偿光纤，其色散值为________。

A. 负值　　　　B. 正值

C. 零

4. DCM 的补偿方式根据补偿位置可分为________。

A. 预补偿

B. 线路补偿

C. 后补偿

5. 采用色散补偿光纤进行色散补偿是一种________补偿方式。

A. 有源　　B. 无源

6. 色散补偿带来的损耗需要用________来补偿。

61　拉曼光纤放大器

1. RFA 的中文名称是________。

2. RFA 的优点包括________。

A. 超宽带

B. 噪声指数低

C. 可以实现长距离传输和远程泵浦

D. 增益高

3. RFA 的缺点包括________。

A. 增益不高　　B. 泵浦效率低

C. 带宽窄　　D. 噪声指数高

62　掺铒光纤放大器

1. EDFA 的中文名称是________。

2. EDFA 的优点包括________。

A. 工作波长与光纤的最低损耗窗口一致

B. 需要的泵浦功率低

C. 增益大且噪声低

D. 连接损耗小

3. 实际运用中，EDFA 可作为__________使用。

A. 光功率放大器

B. 光线路放大器

C. 光前置放大器

参考答案

1 脉冲编码调制

1. ABC　2. AB　3. A　4. B　5. C　6. A
7. D

2 准同步数字体制

1. D　2. ABCD　3. AC　4. C　5. A　6. B

3 同步数字体系

1. A　2. A

4 多业务传送平台

1. ABC　2. BCD

5 自动交换光网络

1. ABCD　2. D

6 SDH 速率等级

1. D　2. D　3. B　4. B　5. B

7 SDH 帧结构

1. B　2. C　3. D　4. ABCD　5. CD　6. A
7. D　8. AC

8 SDH 映射复用

1. B　2. D　3. D　4. D　5. D　6. ACD

7. BCD　8. ABCD　9. A　10. C

9　网络自愈

1. C　2. AB　3. A　4. B

10　SDH 保护

1. AB　2. AC　3. A　4. ABCD　5. AC
6. BD

11　ASON 体系结构

1. ABC　2. B　3. AC

12　链路管理协议

1. ABC　2. ABCD　3. A

13　开放最短路径优先协议

1. B

14　资源预留协议

1. CD　2. C

15　G. 821 建议

1. CD　2. A　3. BD　4. A　5. ABCD

16　G. 826 建议

1. ABC　2. C　3. ABCD　4. AD　5. AC

17　光接口应用类型代码

1. A　2. B　3. CD　4. B　5. A　6. C　7. D
8. ABD

18　波分复用

1. 波分复用　2. ABC　3. ABCD

19　WDM 系统构成

1. ABCDE　2. ABCD　3. ABCD　4. D

5. ABCD

20 光传送网

1. 光传送网　2. ABCD

21 OTN 帧结构

1. 块　2. 4　4 080　3. ABCDEF
4. 不变　不一样

22 OTN 速率等级

1. A　2. B　3. C

23 OTN 映射复用

1. A　2. B　3. C　4. A　5. ABC　6. A

24 OTN 保护

1. AB　2. A　3. ABC　4. AB　5. B　6. ABC
7. A　8. A　9. B　10. C

25 固定光分插复用设备

1. 固定光分插复用设备　2. AB　3. ABCD

26 可重构光分插复用器

1. 可重构光分插复用器　2. B　3. C　4. B

27 分组传送网

1. 分组传送网　2. IP 业务　光传输媒质

28 软件定义网络

1. 软件定义网络　2. 控制　转发　3. ABC
4. 数据　5. SDN 控制器

29 光纤色散

1. 折射率　2. 展宽

30 光纤损耗

1. 固有损耗　附加损耗　2. A　3. B

4. ABC

31 华为 OptiX OSN 3500

1. A　2. ABCD　3. ABCDE　4. A　5. B

6. B　7. C　8. D　9. E　10. ABCD

32 中兴 S385

1. B　2. ABCDE　3. A　4. B　5. C　6. D

7. E　8. ABCD

33 光纤配线架

1. A　2. C　3. ABC　4. ABCD

34 数字配线架

1. B　2. ABCD

35 华为 OptiX OSN 8800

1. ABCDE　2. ABCD

36 中兴 ZXMP M800

1. ABCD

37 烽火 FONST 6000

1. ABCD　2. ABC

38 DD942

1. ABCD　2. ABC

39 ANT - 20

1. ABCD　2. A　3. ABC　4. B

40 光功率计

1. AB　2. B　3. C

41　**光时域反射仪**

1. AD　2. AC　3. D　4. AC　5. ABCD

42　**3M 路由探测仪**

1. ABC　2. ABC　3. ABCD　4. ABCD

43　**光纤熔接机**

1. AB　2. C

44　**光谱分析仪**

1. ABCD　2. ABCDE

45　ONT－30

1. 纯光　2. ABC

46　ONT－600

1. A　2. B　3. ABCDE

47　**光纤**

1. ABC　2. C　3. AB　4. ABC　5. AB　6. A
7. C　8. D

48　**光缆**

1. ABD　2. ABCD

49　**光纤活动连接器**

1. 机械　无源　2. ABCDEFG　3. ABCD

50　FC **型光纤活动连接器**

1. A　2. 金属套　3. 螺丝扣　4. B　5. ABC

51　SC **型光纤活动连接器**

1. A　2. 卡接　方　3. 插拔销闩式　4. B
5. ABC　6. ABCD

52　LC 型光纤活动连接器

1. B　2. 插孔闩锁　3. A

53　ST 型光纤活动连接器

1. C　2. B　3. ABC　4. 卡口　锁紧

54　光纤适配器

1. 光纤法兰盘　2. ABCD　3. ABC

55　法兰式衰减器

1. 适配　2. B　3. 衰减片　4. 跳线

56　阴阳式衰减器

1. 连接器　适配器　2. 光模块　跳线

57　光纤跳线

1. 光纤活动连接器　2. ABC

58　光纤尾纤

1. 光纤活动连接器

59　同轴电缆

1. ABC　2. A　3. A　4. B　5. B

60　色散补偿模块

1. 色散补偿模块　2. 色散　3. A　4. ABC

5. B　6. 光放大器

61　拉曼光纤放大器

1. 拉曼光纤放大器　2. ABC　3. AB

62　掺铒光纤放大器

1. 掺铒光纤放大器　2. ABCD　3. ABC